机械基础实验教程

许洪振　宫博娜　张　芳　◎主　编
王　宁　◎副主编

吉林科学技术出版社

图书在版编目（CIP）数据

机械基础实验教程 / 许洪振，宫博娜，张芳主编
. —— 长春 ：吉林科学技术出版社，2022.11
ISBN 978-7-5744-0090-0

Ⅰ．①机… Ⅱ．①许… ②宫… ③张… Ⅲ．①机械学
－实验－教材 Ⅳ．①TH11-33

中国版本图书馆 CIP 数据核字(2022)第 243874 号

机械基础实验教程
JIXIE JICHU SHIYAN JIAOCHENG

作　　者　　许洪振　宫博娜　张　芳
出 版 人　　宛　霞
责任编辑　　李红梅
幅面尺寸　　185 mm×260mm
开　　本　　16
字　　数　　238 千字
印　　张　　10.5
版　　次　　2023 年 6 月第 1 版
印　　次　　2023 年 6 月第 1 次印刷

出　　版　　吉林科学技术出版社
发　　行　　吉林科学技术出版社
地　　址　　长春市净月区福祉大路 5788 号
邮　　编　　130118
发行部电话/传真　　0431-81629529　81629530　81629531
　　　　　　　　　　 81629532　81629533　81629534

储运部电话　　0431-86059116

编辑部电话　　0431-81629518

印　　刷　　三河市华晨印务有限公司

书　　号　　ISBN 978-7-5744-0090-0
定　　价　　85.00 元

前　言

机械基础是机械类和近机械类专业的一门技术基础课，强调与工程实践相结合，在专业教学计划中起着承上启下的作用。实验课是机械基础课程教学中的一个重要教学环节，它不仅可以加深对机械基础课程中基本概念、基本理论的理解，而且可以培养学生的工程实践认知能力和创新设计能力。

随着高等教育改革的不断深入，高等学校人才培养的目标应该在拓宽学生知识面，培养学生的综合能力、研究能力、创新能力等方面下功夫。虽然机械工程教育、机械基础系列课程的改革取得了令人瞩目的成绩，但是实验教学与理论教学相比有较大的差距。主要表现为传统的验证型、演示型实验还占有相当大的比例，已经严重影响了学生参与实验的积极性。另外，传统的实验教学模式重结果轻过程，特别是对实验设计的原理、实验数据的处理等方面缺乏理论指导，对培养学生的设计能力、研究能力和综合能力是不利的。因此，我们希望能够通过本教程的编写和研究工作，对上述机械基础实验中的问题进行探索，力求使学生获得科学的理论指导，并通过教程编写工作促进机械基础实验教学课程的改革和水平的提高。

本实验教程是根据机械基础课程教学大纲要求，结合作者多年实践教学经验编写而成的。全书分为六章。第一章为机械基础实验基础知识，第二章至第六章分别为机械原理实验、机械设计实验、机械制造实验、机械静态与动态测试实验、机械创新设计实验。本书力求构建新的机械基础实验课程体系，以单独设置机械基础实验课程的思想为主贯穿于全书。本书围绕基础实验、基本实验、综合与提高实验、机电一体化实验及创新意识实验诸方面展开，系统地介绍了机械原理、机械设计、工程材料学、互换性与技术测量、传感与测试技术等课程中的基本实验方法、内容、原理、目的、过程、操作与分析等。本书力求加强培养学生动手能力、计算机应用能力、机电一体化结合能力、创新能力方面有所突破，可供机械类、机电类、近机类及非机类各相关专业学生使用。

在写作过程中，作者参考了有关的教程、兄弟院校实验教程及仪器设备使用说明，谨此深表谢意。由于写作水平有限，书中难免存在疏忽错漏之处，恳请广大读者批评指正。

作者

2022 年 11 月

目　录

第一章　机械基础实验基础知识

实验一般是指根据一定的目的，运用相关的仪器设备，在人为控制条件下，模拟自然现象来进行研究和分析，从而认识自然界事物本质和规律的方法。在科学技术飞速发展的今天，实验在科技发展中的地位和作用更为明显，许多高科技成果，无一例外都是通过实验获得的，因此，实验已成为自然科学理论的直接基础。

实验作为理工科教学活动的重要组成部分，对于促进学生进一步理解课堂所学理论知识、掌握科学的研究方法、培养学生实验技能和创新能力方面，具有十分重要的地位和作用。特别是在应用型人才的培养中，实验的地位和作用更加突出。

机械基础实验是根据机械原理、机械设计和工程力学等机械基础类课程教学大纲对学生实践能力的培养要求开设的。该课程是工科院校机类和近机械类专业学生一门重要的技术基础课，开设该实验课程对于培养学生分析问题和解决问题的能力以及创新思维具有重要的作用和意义。

第一节　机械基础实验课程概述

一、机械基础实验课程在教学中的作用及意义

实验教学是理工科教学中重要的组成部分，它不仅是学生获得知识的重要途径，同时也对培养学生的实际工作能力、科学研究能力和创新能力，具有十分重要的作用。实验一般是指按照一定的目的，运用相关的仪器设备，在人为控制条件下，模拟自然现象进行研究，认识自然界事物的本质和规律。随着科学技术的发展，实验的广度和深度不断拓展，科学实验发挥了越来越重要的作用，成为自然科学理论的直接基础。许多伟大的发现、发明和突破性理论都来自科学实验。实验是理论的源泉、科学的基础，是将新思想、新设想、新信息转化为新技术、新产品的摇篮。高校的绝大多数科研成果和高科技产品，均是在实验室中诞生的。科学实验是探索未知、推动科学发展的强大武器，对实验素质和能力要求很高的机械工程专业的学生来说具有重要意义。

　　"机械基础实验"是根据"机械原理""机械设计"等机械基础类课程教学大纲对学生实践能力的培养要求而单独开设的实验课程，该课程是工科院校机械类和近机类专业学生一门重要的技术基础课。开设该课程有助于验证、巩固和加深课堂讲授的理论，目的是培养学生掌握一些有关实验的方法、提高操作能力和测量技能、加深对机械系统结构的感性认识，培养学生分析问题和解决问题的能力以及创新思维，开发学生创新潜能，使学生掌握创新设计的基本方法。

二、机械基础实验课程的理念与任务

　　机械基础实验是一门旨在培养机械类学生具有初步的实验设计能力、基本参数测定与相关测试仪器操作能力和实验分析能力的技术基础课程。它是机械基础系列课程教学中重要的实践性教学环节之一，是深化感性认识、理解抽象概念、应用基础理论的主要方法。

　　长期以来，在高等工程教育中偏重基础理论体系的改革，而忽视了对学生将工程基础理论知识应用于工程实际的能力，忽视了对学生实验基本技能的培养，忽视了团队协作解决工程问题意识的培养，使许多工科毕业生不具备简单的、具有一定精度的工程实验的能力，特别是随着计算机与信息技术的高速发展，学生对实际动手操作和工程实验渐渐失去兴趣，而热衷于对各种 CAD、CAE、CAM 等工具软件的学习，他们并不清楚实验设计方法和实验基本技能才是进行科学研究的基础，因而他们学习知识是本末倒置的。

　　本课程的主要任务就是基于 OBE 先进的教育理念，按照"反向设计，正向施工"的思路，以培养目标和毕业要求为出发点，设计科学合理的培养方案和实验大纲，采用匹配的教学内容和教学方法，对学生是否达成要求进行合理考核，同时进行相应的持续改进，以期学生获得以下能力：

　　①具有从事工程工作所需的相关数学、自然科学知识，并能将其用于分析工程问题的能力。

　　②掌握工程基础理论知识，并能将其应用于工程问题的能力。

　　③具有测试、计算和基本工艺操作等基本技能。

　　④具有在团队中发挥作用的能力。

三、机械基础实验课程建设体系和内容

　　机械基础实验是机械类专业的一门主干技术基础实验课程，在机械类本科教学体系中占有十分重要的地位。随着教学改革的深入，培养学生的动手实践能力越来越重要，许多重点学校都将其列为独立的实践课程。因此，为了提高本课程的教学效果，必须配有独立

的教材与之相适应，对学生在实验内容和实验方法上给予全面的指导，使学生在较短的时间内掌握本课程的基本内容，以提高综合设计和创新的能力。我们通过充分调研和多年的实践总结，组织有多年实验教学经验的教师为学生编写了本书，它既符合我校实际，又具有实用价值。本书对各实验项目的主要实验目的、实验原理、实验设备、教学内容、实验注意事项、实验基本要求、重点和难点内容、重要基本概念以及实验预习要求、实验报告内容和本门课程的考核办法进行了详细的分析和阐述，能够调动学生的积极性，使学生预先对实验课程内容有较深的理解和深刻的认识，对提高实验教学质量很有帮助。

近年来，我们对机械基础类课程实验进行了不断的改革和实践，根据人才培养的需要和实验教学大纲的要求，对实验内容、实验项目设置、实验教学方法等方面进行改革、充实和更新。实验内容由"单一型""验证型"向"综合型""设计型"拓展，增加了实验项目和实验学时。同时，我们还对旧的实验进行了充实和完善，增加了认知性、综合性和设计性实验内容，这对提高学生的创新实践能力有一定的促进作用。我们还根据实验项目的内容、特点和教学基本要求，将实验项目分为选做和必做两种类型，学生可根据自身特点自主选择实验项目，实现实验教学内容和选题的柔性与开放性，体现个性化培养，为学生提供更多的学习实践机会。实验室全面对学生开放，使学生可以随时到实验室完成必做实验和选做实验及各种创新实验项目，以满足学生创新实践能力的培养要求。

为加强实践教学环节，提高实验教学质量，在广泛调研的基础上，我们将"机械原理""机械设计"的有关实验单独设课，将两门课程的实验合并为一门课程——机械基础实验。通过实验，既培养了学生的创新能力，又加强了对课上内容的理解与掌握，进而提高了理论课程的教学效果。经过建设，逐渐形成了一套完整的实验教学体系，并通过几年的实践，取得了较好的教学效果。

四、机械基础实验课程的学习方法

（一）有正确的科学理论指导

正确的科学理论指导是成功完成一个实验的根本保证，要掌握涉及实验内容的专业理论知识和实验仪器有关的测试技术，才能顺利、成功地完成实验内容，满足实验要求，达到实验目的。[①]

（二）重视实际动手能力的培养，注重细节

机械基础实验课程是一门以学生实际操作为主的技术基础课程。在具体的实验过程

---

① 刘莹. 机械基础实验教程 [M]. 北京：北京理工大学出版社，2007.

中，需要使用多种仪器设备和工具，因此，要求学生具有较强的动手能力。培养自己的动手能力不仅仅是学会操作使用各种仪器设备和工具，还要培养自己小心谨慎的工作作风，要注重细节，搞清楚各种工具的使用规范和注意事项。

（三）要善于思考、总结，培养分析能力

许多学生在做实验的过程中，往往是按照实验步骤机械模仿，对实验过程和实验结果很少进行分析和思考，尤其对验证性实验，认为其无非是对理论的检验，没有什么值得思考的。这种做法使学生在做完实验后只是验证了某个定理或者公式，并不能得到任何实用性结论，失去了做实验的意义。学习本门课程应有意识地对实验过程和实验结果进行思考，为什么实验要安排这一个步骤？去掉这个步骤可行吗？实验得到的数据和理论是完全一致的吗？什么原因导致了误差甚至实验的失败？这样的思考可以很好地培养自己的分析能力，得到实用性结论，提高自身的工程实践能力。

（四）注意理论知识的综合应用，培养创新精神

创新是一个民族进步的灵魂，是一个国家兴旺发达的不竭动力，也是中华民族最深沉的民族禀赋。在激烈的国际竞争中，唯创新者进，唯创新者强，唯创新者胜。机械基础实验课程作为一门技术基础课，涉及多门理论课程的知识，特别是一些较复杂的综合设计型实验更是对多门学科知识的有机结合的应用，因而成为培养学生创新能力的重要平台。在学习本门课程的过程中，在重视动手能力的同时，也要注意夯实自己的理论基础，将多门学科知识有机结合，在理论指导下综合利用各种实验设备和仪器设计出新的实验方案，提高自身的创新能力。

（五）注重团队分工协作意识的培养

机械基础实验课程是一门实践性很强的课程，它与工程实践密切相关，特别是面对一些较复杂的综合设计型和创新型实验项目时，一定要注意培养自己的团队协作精神。须知，个人的能力和精力是有限的，在规定的时间内完成一个较复杂的综合设计型实验往往需要多人的协作，各行其是常常降低实验的效率，甚至导致实验的失败。因此，要懂得如何合理分工，团队协作，齐心协力完成实验目标。

（六）重视实验报告的撰写

实验报告是在实验过程中，实验者把实验的目的、方法、步骤、结果等，用简洁的语言写成的书面报告。

无论一个实验有多么重大的发现，只有将这个实验的信息通过实验报告的形式公之于世，让他人知道，才有价值，否则实验就没有意义。实验报告是对实验过程、实验结果的科学总结，是分析、反映实验成果的重要资料，也是实验评价的重要依据。所以，学会正确撰写实验报告是每个学生在机械基础实验课程中的一个重要内容。[①]

五、机械基础实验课程的学习步骤

实验不仅需要学生有一个正确的学习态度，而且需要学生有一个正确的学习方法。现将实验的学习步骤归纳成如下六个方面：

（一）登记实验课时间

根据教研室和实验中心（实验室）的教学安排，于实验前1~2周，到实验中心（实验室）登记，确定上实验课的时间。

（二）预习

预习是做好实验的前提和保证，预习工作可以归纳为"看、查、写"。

（1）"看"就是要认真阅读实验项目的有关章节、有关教科书及参考资料，做到明确实验目的，了解实验原理，熟悉实验内容、主要操作步骤及数据的处理方法，提出注意事项，合理安排实验时间。

（2）"查"就是要通过查阅附录或有关手册，列出实验所需的数据。

（3）"写"就是要在"看"和"查"的基础上认真做好预习笔记。

（三）讨论

实验前以提问的形式，师生共同讨论，以掌握实验原理、操作要点和注意事项。观看操作录像，或由教师操作示范，使基本操作规范化。

实验后组织课堂讨论，对实验现象、结果进行分析，对实验操作和实验结论进行评述，以达到共同提高的目的。

（四）实验

按拟定的实验方案和实验步骤操作，既要胆大，又要心细，仔细观察实验现象，认真测定实验数据，并做到边实验、边思考、边记录。

观察到的现象和测定的数据，要如实记录在报告本上。不用铅笔记录，不记在草稿纸、

---

① 徐名聪．机械基础实验教程［M］．北京：中国计量出版社，2010.

小纸片上。不凭主观意愿删去自己认为不对的数据，不杜撰原始数据。原始数据不得涂改或用橡皮擦拭，如有记错可在原始数据上画一道杠，再在旁边写上正确值。

实验中要勤于思考，仔细分析，力争自己解决问题。碰到疑难问题可查资料，亦可与同学或指导教师讨论。如对实验现象有怀疑，在分析和查原因的同时，可以做对照实验或自行设计实验进行核对，必要时应多次实验，从中得到有益的结论。如果实验失败，要检查原因，经指导教师同意后重做实验。

（五）实验分析

做实验仅是完成实验的一半，更为重要的是分析实验现象、整理实验数据，把直接的感性认识提高到理性思维阶段。要认真、独立完成实验报告，对实验现象进行解释，对实验数据进行处理（包括计算、作图、误差分析），得出结论。

分析误差产生的原因，对实验现象以及出现的一些问题进行讨论，敢于提出自己的见解。对实验提出改进的意见或建议，回答问题。

（六）实验报告

要求按格式书写，字迹端正，叙述简明扼要，实验记录、数据处理使用表格形式，作图准确清楚。

（1）实验报告用统一的实验报告纸撰写。

（2）实验报告正文的内容一般应包括实验目的、实验仪器设备及其工作原理、实验步骤、实验原始数据、实验结果与分析等。

（3）书写工整，曲线画在坐标纸上，并用曲线板绘制。

（4）对实验结果进行误差分析。

实验成绩占课程总成绩的一部分，实验成绩根据实验操作和实验报告来综合评定。若平时漏做实验，应及时和实验中心联系补做实验。

六、机械基础实验课程基本要求及考核办法

（一）实验课对学生的要求

（1）实验前要做好本次实验的预习工作，要对实验目的、原理与内容、仪器设备的操作使用等方面认真学习。不预习或预习没有达到要求者，不准上实验课。

（2）按时上课，不得迟到、早退或缺课。上实验课时，要提前10分钟进入实验室，以便做好实验前的准备工作。

（3）严格按照实验指导教师的安排和要求，独立认真地完成各项实验任务，并做好实验记录。

（4）在实验的过程当中，要遵守实验室的各种规章制度，不要做与实验无关的事情。

（5）实验前要对实验设备进行详细的检查，实验做完后要及时切断电源，将仪器设备工具等整理摆放好，发现丢失或损坏应立即报告。

（6）遵守仪器设备的操作规程，注意人身和设备的安全。学生不严格遵守安全操作规程、造成他人或自身受到伤害的，由本人承担责任；造成仪器损坏的应按照有关规定进行赔偿。

（7）要保持实验室内和仪器设备的清洁与整齐美观。工作台面要干净并要搞好室内卫生。

（8）实验前后认真填写实验签到表、实验运行记录表、设备使用记录表，实验完毕后离开实验室前，由指导教师在数据记录纸上签字后方可离开。

（9）对实验结果要进行分析、整理和计算，认真填写实验报告并及时递交实验报告。不得弄虚作假，不得抄袭他人的实验记录和实验报告。如有违反取消该实验课成绩。

（二）实验成绩考核办法

作为独立设课的"机械原理""机械设计"类机械基础实验课程，根据教学大纲，已经建立了详尽合理的考核标准和体系，可以考查学生对该课程内容的掌握情况等，成绩单独考核和记分。考核按五级分数制进行，即优秀、良好、中等、及格和不及格。

每个实验分别从出席情况、实验预习情况、实验过程中的操作能力和表现情况、实验报告质量四个方面对学生进行全面考核，其中，①按时出席情况占4%；②实验预习情况占9%；③实验过程中的实际操作能力和表现情况占24%；④实验报告质量占63%。最终综合评定给出学生实验总成绩。实验成绩在及格以上的学生，获得1.5个实验学分。学生若缺做一个实验，实验总成绩按不及格处理。[1]

第二节　机械基础实验常用量具和仪器

测量就是为确定量值而进行的实验过程。在测量中假设 L 为被测量值，E 为所采用的计量单位，那么它们的比值为：

---

[1]　熊晓航，田万禄，马超，等．机械基础实验教程 [M]．沈阳：东北大学出版社，2019.

$$q = \frac{L}{E}$$

这个公式表明：在被测量值 L 一定的情况下，比值 q 的大小完全取决于所采用的计量单位 E，而且是成反比关系。同时，它也说明计量单位的选择取决于被测量值所要求的精确程度。这样经比较而得的被测量值为：

$$L = qE$$

由上式可知，任何一个测量过程必须有被测对象和所采用的计量单位。此外，还有二者是怎样进行比较和比较后精确程度如何的问题，即测量的方法和测量的精确度问题。这样，测量过程就包括：测量对象、计量单位、测量方法及测量精确度等四个要素。本章只涉及机械制造中最普遍的测量对象，即几何量的测量。

测量对象：这里主要指几何量，包括长度、角度、表面粗糙度以及形位误差等。由于几何量种类繁多、形状各式各样，因此对于它们的特性、被测参数的定义以及标准等都必须加以研究和熟悉，以便进行测量。

计量单位：1977 年 5 月 27 日，国务院颁布的《中华人民共和国计量管理条例（试行）》第三条规定中重申："我国的基本计量制度是米制（公制），逐步采用国际单位制。"1984年 2 月 27 日正式颁布《中华人民共和国法定计量单位》，确定米制为我国的基本计量制度。长度计量单位为米（m），其他常用单位有毫米（mm）和微米（μm）。在角度测量中以度、分、秒为单位。

测量方法：在进行测量时所采用的测量原理、计量器具和测量条件的综合。根据被测对象的特点，如精度、大小、轻重、材质、数量等来确定所用的计量器具；分析研究被测参数的特点和与其他参数的关系，确定最适合的测量方法以及测量的主客观条件（如环境、温度等）。

测量精确度（准确度）：测量结果与真值的一致程度。由于任何测量过程总不可避免地会出现测量误差，误差大，说明测量结果离真值远，精确度低。因此，精确度和误差是两个相对的概念。由于存在测量误差，任何测量结果都是以近似值来表示，或者说测量结果的可靠有效值是由测量误差确定的。

一、测量方法与计量器具的分类

（一）计量器具的分类

计量器具可以按计量学的观点进行分类，也可以按器具本身的结构、用途和特点进行分类。

按用途、特点，计量器具可分为标准量具、极限量规、检验夹具以及计量仪器四类：

1. 标准量具

这种量具只有某一个固定尺寸，通常是用来校对和调整其他计量器具或作为标准用来与被测工件进行比较。如量块、直角尺、各种曲线样板及标准量规等。

2. 极限量规

极限量规是一种没有刻度的专用检验工具，用这种工具不能得出被检验工件的具体尺寸，但能确定被检验工件是否合格。

3. 检验夹具

检验夹具也是一种专用的检验工具，当配合各种比较仪时，能用来检查更多和更复杂的参数。

4. 计量仪器

计量仪器是能将被测的量值转换成可直接观察的指示值或等效信息的计量器具。

根据构造上的特点，计量仪器还可分为以下七种：

（1）游标式量仪

游标卡尺、游标高度尺及游标量角器等；

（2）微动螺旋副式量仪

外径千分尺、内径千分尺等；

（3）机械式量仪

百分表、千分表、杠杆比较仪、扭簧比较仪等；

（4）光学机械式量仪

光学计、测长仪、投影仪、干涉仪等；

（5）气动式量仪

压力式、流量计式等；

（6）电动式量仪

电接触式、电感式、电容式等；

（7）光电式量仪

激光干涉、激光图像、光栅等。

（二）测量方法

测量方法可以按各种不同的形式进行分类。如直接测量与间接测量、综合测量与单项测量、接触测量与非接触测量、被动测量与主动测量、静态测量与动态测量等。

1. 直接测量

无须对被测量与其他实测量进行一定函数关系的辅助计算，直接得到被测量值的测量。

直接测量又可分为绝对测量与相对（比较）测量。

若由仪器刻度尺上读出被测参数的整个量值，这种测量方法称为绝对测量，例如用游标尺、千分尺测量零件的直径。

若由仪器刻度尺指示的值只是被测参数对标准量的偏差，这种测量方法称为相对（比较）测量。由于标准量是已知的，因此被测参数的整个量值等于仪器所指偏差与标准量的代数和。例如用量块调整比较仪测量直径。

2. 间接测量

通过直接测量与被测参数有已知关系的其他量而得到该被测参数量值的测量。例如，在测量大的圆柱形零件的直径 D 时，可以先量出其圆周长 L，然后通过 $D=L/\pi$ 公式计算零件的直径 D。

间接测量的精确度将取决于有关参数的测量精确度，并与所依据的计算公式有关。

3. 综合测量

同时测量工件上的几个有关参数，从而综合地判断工件是否合格。其目的在于限制被测工件在规定的极限轮廓内，以保证互换性的要求。例如用极限量规检验工件，花键塞规检验花键孔等。

4. 单项测量

单个地彼此没有联系地测量工件的单项参数。例如测量圆柱体零件某一剖面的直径，或分别测量螺纹的螺距或半角等。分析加工过程中造成瑕疵品的原因时，多采用单项测量。

5. 接触测量

仪器的测量头与工件的被测表面直接接触，并有机械作用的测力存在。

对零件表面油污、切削液、灰尘等不敏感，但由于有测力存在，会引起零件表面、测量头以及计量仪器传动系统的弹性变形。

6. 非接触测量

仪器的测量头与工件的被测表面之间没有机械作用的测力存在。

7. 被动测量

零件加工后进行的测量。此时测量结果仅限于发现并剔出废品。

8. 主动测量

零件在加工过程中进行的测量。此时测量结果直接用来控制零件的加工过程，决定是否继续加工或须调整机床或采取其他措施。因此它能及时防止与消灭废品。

由于主动测量具有一系列优点，因此是技术测量的主要发展方向。主动测量的推广应用将使技术测量和加工工艺紧密地结合起来，从根本上改变技术测量的被动局面。

9. 静态测量

测量时，被测表面与测量头是相对静止的。例如用千分尺测量零件直径。

10. 动态测量

测量时，被测表面与测量头有相对运动，它能反映被测参数的变化过程。例如用激光比长仪测量精密线纹尺，用激光丝杠动态检查仪测量丝杠等。

动态测量也是技术测量的发展方向之一。它能较大地提高测量效率和保证测量精度。

二、计量器具与测量方法的常用术语

计量器具与测量方法的常用术语如下：

1. 标尺间距

沿着标尺长度的线段测量得出的任何两个相邻标尺标记之间的距离。标尺间距以长度单位表示，它与被测量的单位或标在标尺上的单位无关。

2. 标尺分度值

两个相邻标尺标记所对应的标尺值之差。标尺分度值又称为标尺间隔，一般可简称分度值，它以标在标尺上的单位表示。国内有的把分度值也称为分格值。

3. 标尺范围

在给定的标尺上，两端标尺标记之间标尺值的范围。标尺范围以标在标尺上的单位表示，它与被测量的单位无关。

4. 测量范围

在允许误差限内计量器具的被测量值的范围。测量范围的最高、最低值称为测量范围的"上限值""下限值"。

5. 灵敏度

计量仪器的响应变化除以相应的激励变化。当激励和响应为同一类量的情况下，灵敏度也可称为"放大比"或"放大倍数"。

6. 稳定度

在规定工作条件下，计量仪器保持其计量特性恒定不变的程度。

7. 分辨力

计量器具指示装置可以有效辨别所指示的紧密相邻量值的能力的定量表示。一般认为模拟式指示装置其分辨力为标尺间隔的一半，数字式指示装置其分辨力为最后一位数的一个字。

8. 可靠性

计量器具在规定条件下和规定时间内，完成规定的测量功能的能力。

9. 测量力

在接触测量过程中，测头与被测物体表面之间接触的压力。

10. 量具的标称值

在量具上标注的量值。

11. 计量器具的示值

由计量器具所指示的量值。

12. 量具的示值误差

量具的标称值和真值（或约定真值）之间的差值。

13. 计量仪器的示值误差

计量仪器的示值与被测量的真值（或约定真值）之间的差值。

14. 不确定度

由于测量误差的存在而对被测量值的不肯定程度。不确定度从估计方法上可归纳成两类：一类为多次重复测量，并用统计法计算而得的标准偏差；另一类为用其他方法估计而得的近似标准偏差（包括系统误差随机化的标准偏差）。两类标准偏差可按方和根法合成，得到综合不确定度，在此范围内，不确定度的概率为 68.26%。也可以根据需要，乘以其他置信因子求得总的不确定度。

15. 允许误差

技术规范、规程等对给定计量器具所允许的误差极限值。

三、常用长度计量仪器

长度计量仪器的种类较多，采用的原理也各式各样。这里就生产中常用的仪器做简单介绍。

（一）机械式量仪

游标尺、千分尺、千分表、扭簧比较仪、内径测量仪和齿厚卡尺等常用计量器具在生产劳动中已经熟悉。

（二）电动式量仪

电动式量仪种类很多，一般可分为电接触式、电感式、电容式、电涡流式和感应同步器等。

电感式量仪的传感器一般分为电感式和互感式两种。电感式又可分为气隙式、截面式和螺管式三种。互感式也可分为气隙式和螺管式两种。

（三）气动量仪

气动量仪是利用气体在流动过程中某些物理量（流量、压力、流速等）的变化来实现长度测量的一种装置。一般由下述四个部分组成：过滤器、稳压器、指示器和测量头等。过滤器是将气源来的压缩空气进行过滤，清除其中的灰尘、水和油分，使空气干燥和清洁；稳压器是使空气的压力保持恒定；指示器是将工件尺寸变化转变为压力（或流量）变化，并指出尺寸变化大小；测量头是用来感受被测尺寸的变化。

气动量仪一般可分为气压计式和流量计式两类。前者是用气压计指示工件尺寸的变化，后者是用气体流量计指示工件尺寸的变化。

流量计式气动量仪是将工件尺寸变化转换成气体流量的变化，然后通过浮标在锥形玻璃管中浮动的位置进行读数。

（四）光学机械式量仪

光学机械式计量仪器在机械制造和仪器制造中应用比较广泛，其种类和型号也各式各样。但在长度测量中，光学计、测长仪、测长机、接触式干涉仪是具有代表性的仪器。

四、传感器

传感器是一种物理装置或生物器官，能够探测、感受外界的信号、物理条件（如光、热、湿度）或化学组成（如烟雾），并将探知的信息传递给其他装置或器官。

（一）传感器的性能

1. 传感器静态特性

静态特性是指检测系统的输入为不随时间变化的恒定信号时，系统的输出与输入之间的关系，主要包括线性度、灵敏度、稳定性、迟滞、重复性、漂移、精度、分辨力等。

静态模型：

$$y = a_0 + a_1 x + a_2 x^2 + \cdots + a_n x^n$$

线性模型：

$$y = a_0 + a_1x$$

（1）线性度

传感器输出量与输入量之间的实际关系曲线偏离拟合直线的程度，任何传感器都有一定的线性范围，在线性范围内它的输出与输入呈线性关系。线性范围越宽，则表明传感器的工作量程越大。

传感器的实际输入—输出曲线（校准曲线）与拟合直线之间的吻合（偏离）程度，如图 1-1 所示。

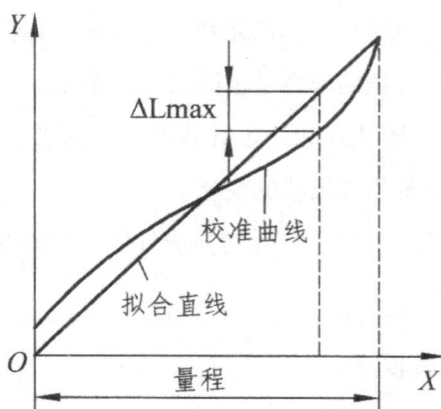

图 1-1　拟合直线

取其中最大值与输出满度值之比作为评价线性度（或非线性误差）的指标。

$$e_\mathrm{L} = \frac{\Delta L_{\max}}{y_{\mathrm{FS}}} \times 100\%$$

式中：e_L 为线性度(非线性误差)，$\Delta L_{\max}$ 为最大非线性绝对误差，y_{FS} 为满量程输出值。

（2）灵敏度

灵敏度为输出量的增量与引起该增量的相应输入量增量之比。用 S 表示灵敏度。

$$S = 输出变化量 / 输入变化量 = \Delta Y / \Delta X = \frac{dy}{dx}$$

传感器的灵敏度高，意味着传感器感应微弱的变化量的能力越大，即被测量有一微小变化时，传感器就会有较大的输出。

（3）迟滞

迟滞是传感器在输入量由小到大（正行程）及输入量由大到小（反行程）变化期间其输入、输出特性曲线不重合的现象。它表示传感器在正（输入量增大）、反（输入量减小）

行程中输出 / 输入特性曲线的不重合程度，数值用最大偏差（ΔA_{max}）或最大偏差的一半与满量程输出值的百分比来表示。

$$\delta_{H} = \pm \Delta A_{max} / y_{FS} \times 100\%$$

$$\delta_{H} = \pm \frac{\Delta A_{max}}{2 \times y_{FS}} \times 100\%$$

（4）重复性

传感器在输入量按同一方向做全量程连续多次变化时，所得特性曲线不一致的程度。在数值上用各测量值正反行程标准偏差最大值的两倍或三倍与满量程 y_{FS} 的百分比来表示。

$$\delta = \sqrt{\frac{\sum_{i=1}^{n}\left(Y_i - \tilde{Y}\right)^2}{n-1}}$$

$$\delta_k = \pm 2 \sim 3\delta \Big/ y_{FS} \times 100\%$$

式中：δ 为标准偏差，Y_i 为测量值，$\tilde{Y}$ 为测量值的算术平均值。

（5）漂移

漂移是在输入量不变的情况下，传感器输出量随着时间变化的现象。传感器无输入（或某一输入值不变）时，每隔一段时间进行读数，其输出偏离零值（或原指示值）。

$$零漂 = \Delta Y_0 \Big/ y_{FS} \times 100\%$$

式中：ΔY_0 为最大零点偏差（或相应偏差）。

2. 传感器动态特性

传感器动态特性是指在输入变化时，它的输出的特性。传感器的动态特性也常用阶跃响应和频率响应来表示。在实际工作中，传感器的动态特性常用它对某些标准输入信号的响应来表示。

3. 传感器的分辨率

传感器可感受到的被测量的最小变化的能力。当输入变化值未超过某一数值时，传感器的输出不会发生变化，即传感器对此输入量的变化是分辨不出来的。只有当输入量的变化超过分辨率时，其输出才会发生变化。

（二）传感器的组成和分类

国家标准（GB 7665—2005）中传感器（transducer/sensor）的定义：能感受的被测量并按照一定的规律转换成可用输出信号的器件或装置。

传感器一般由敏感元件、转换元件、基本转换电路三部分组成（图1-2）。

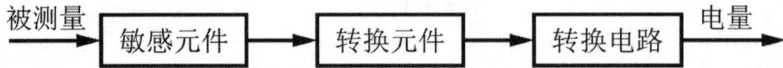

被测量 → 敏感元件 → 转换元件 → 转换电路 → 电量

图1-2 传感器组成框图

传感器一定是通过非电学量转换成电学量来传递信号的，传感器工作的一般流程为：非电学量被敏感元件感知，然后通过转换元件转换成电信号，再通过转换电路将此信号转换成易于传输或测量的电学量。

工程中应用的传感器种类繁多，往往一种被测对象可用多种类型的传感器来检测。传感器分类方法很多，如：

（1）按被测对象分类，可分为位移传感器、速度传感器、加速度传感器、力传感器、温度传感器等。

（2）按传感器工作原理分类，可分为机械式传感器、电阻应变计式传感器、电感式传感器、电磁式传感器、光学式传感器、流体式传感器等。

（3）按敏感元件与被测对象之间的能量关系分类，可分为能量转换型传感器与能量控制型传感器。

（4）按输出信号分类，可分为模拟式传感器和数字式传感器。

（5）按信号变换特征分类，可概括分为物理型传感器和结构型传感器。物理型传感器是依靠敏感元件材料本身物理化学性质的变化来实现信号变换的，例如压电测力计是利用石英晶体的压电效应等；结构型传感器则是依靠传感器结构参量的变化实现信号转换的，例如电容式传感器依靠极板间距离变化引起电容量的变化等。

（三）典型传感器简介

1. 模糊传感器

模糊传感器是近年来出现的智能传感器之一，随着模糊理论技术的不断发展受到许多学者的关注。模糊传感器是在经典传感器的基础上，通过模糊推理与知识集成，以数值或自然语言符号描述的形式输出测量结果的智能传感器。普遍认为模糊传感器是以数值测量为基础的，并能产生和处理与其相关的测量符号信息的装置。具体地说，将被测量值范围划分为若干个区间，利用模糊集理论判断被测量值的区间，并用区间中值或相应符号进行表示，这一过程称为模糊化。对多参数进行综合评价测试时，需要将多个被测量值的相应符号进行组合模糊判断，最终得出测量结果。模糊传感器的一般结构框图如图 1-3 所示。信号的符号表示和符号信息系统是研究模糊传感器的核心与基石。

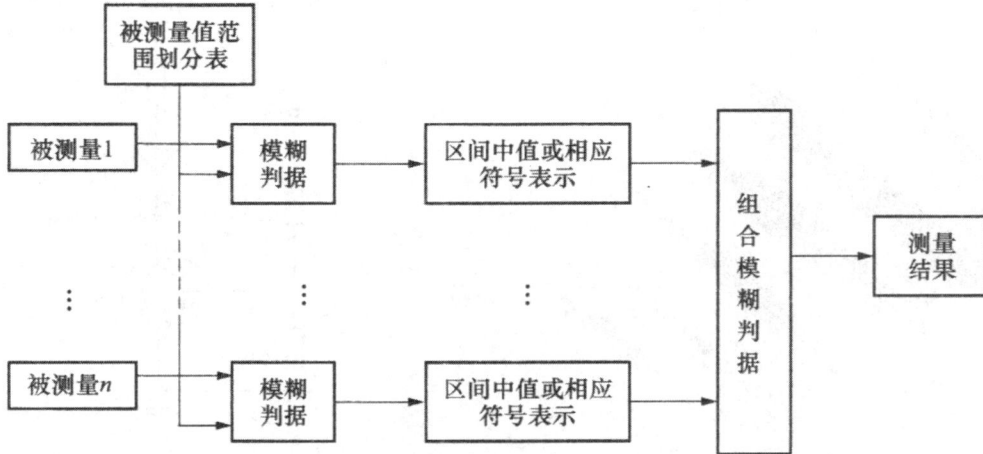

图 1-3　模糊传感器的一般结构框图

机器智慧、高级逻辑表达等都是通过学习实现的。模糊传感器与普通传感器的最大区别是前者能够根据测量任务的要求学习有关知识。模糊传感器的学习功能的实现主要有两种途径：一种是有导师学习算法，另一种是无导师学习算法。

机器人检测障碍物是通过安装在上面的多个超声波传感器实现的，当检测到障碍物的信息后，需要对这些信息进行处理，其中涉及多传感器的信息融合，如图 1-4 所示为多个超声波传感器安装示意图。

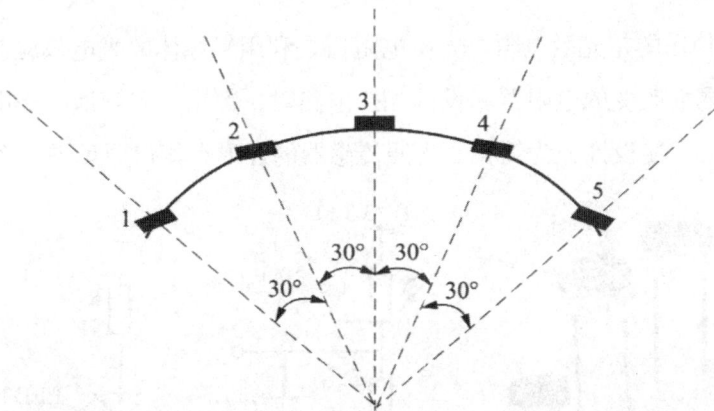

图 1-4　多个超声波传感器安装示意图

超声波传感器采用超声波模块采集障碍物的有关信息，该方法测试范围广、测距精度高。

2. 磁检测传感器

磁检测传感器使用的是干簧管，干簧管是一个通过所施加的磁场操作的电开关。干簧管外形和接口原理图如图 1-5 所示。

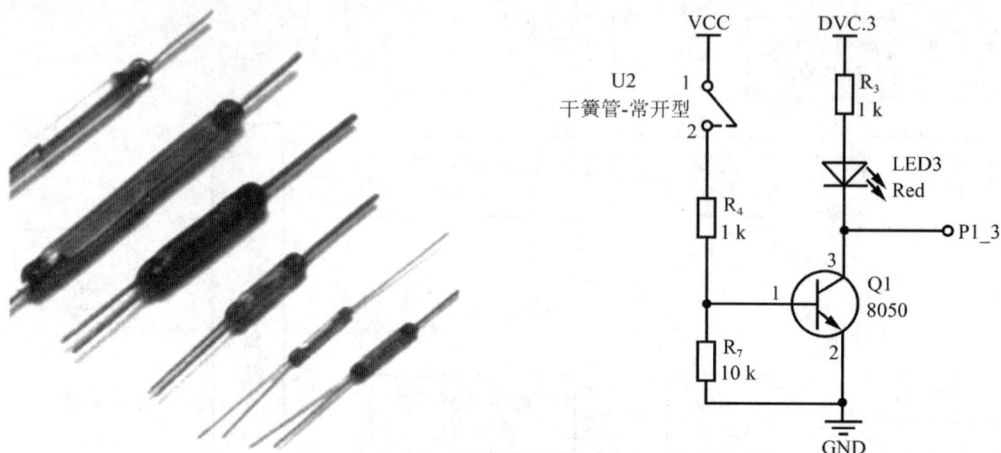

图 1-5　干簧管外形和接口原理图

可切换的簧片，在没有磁场时与常闭片接触，当足够强度的磁场产生时，该簧片会移向常开片，而常开片与常闭片都是固定不动的。这两固定片与可摆动切换的簧片均为铁磁片，只是常闭的干簧片触点表面部分是由非磁性的金属熔焊于干簧片上的。置于磁场下时，两旁位于常开与常闭的固定片具相同极性，且和可摆动簧片极性相反，常闭端的非磁性金属会隔离磁通，因此当常开端与可摆动簧片之间的磁力够大时，摆动簧片将与常开片接触闭合。

3. 光照传感器

光照传感器使用的是光敏电阻。光敏电阻器是利用半导体的光电效应制成的一种电阻值随入射光的强弱而改变的电阻器。设计光控电路时，都用白炽灯泡（小电珠）光线或自然光线做控制光源，使设计大为简化。光照传感器的外形和接口原理图如图 1-6 所示。

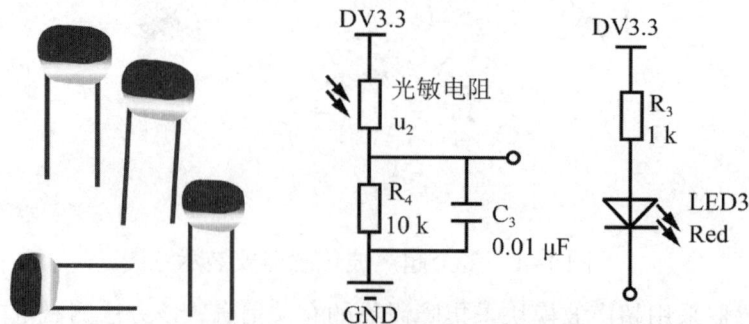

图 1-6　光照传感器外形和接口原理图

4. 振动传感器

振动传感器在测试技术中是关键部件之一，它的作用主要是将机械量接收下来，并转换为与之成比例的电量。由于它也是一种机电转换装置，所以有时也被称为换能器、拾振器等。振动传感器接口原理图如图 1-7 所示。

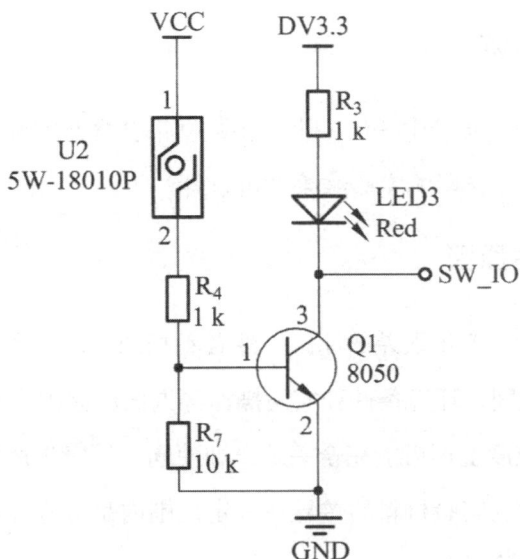

图 1-7 振动传感器接口原理图

当有振动时，U2 导通，Q1 导通，SW_IO 输出低电平，并点亮 LED3。由于振动开关为非连续性导通，因此，可采用中断方式采集 SW_IO 信号，在指定时间内（如 10 ms）对中断信号计数，当它大于指定值（如 5）时，说明存在振动。

5. 声音传感器

声音传感器用来接收声波，显示声音的振动图像。声音传感器内置一个对声音敏感的电容式驻极体话筒，声波使话筒内的驻极体薄膜振动，导致电容的变化，从而产生与之对应变化的微小电压。声音检测接口电路如图 1-8 所示。

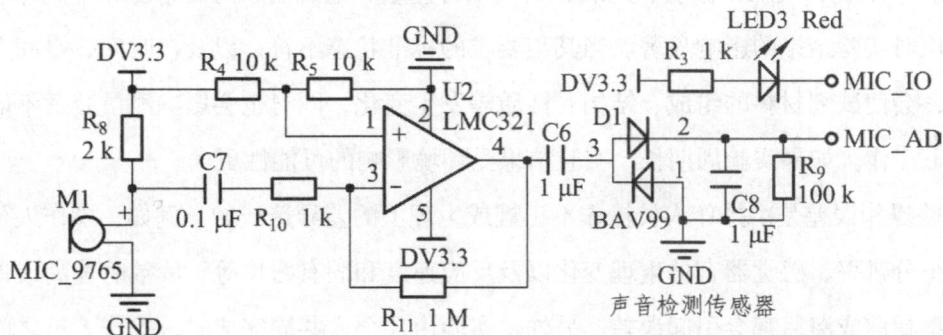

图 1-8 声音检测接口电路

第三节　测量误差分析与实验数据处理

一、数据的误差分析

由于各种因素的影响，实验中任何一个实验数据都会含有实验误差。误差的大小决定着实验数据的精确程度，直接影响实验结果的可靠性。

（一）误差的产生原因

对于每个具体的实验，产生误差的原因虽然各不相同，但大致可以概括为实验材料、测试方法、仪器设备及试剂、环境条件和实验操作等方面的原因。

实验材料在质量或纯度上不可能完全一致，即使同一厂家生产的同批号的产品也会存在某种程度上的不均匀性。实验材料的差异在一定范围内是普遍存在的，这种差异会给实验结果带来影响而产生实验误差。

测试方法的误差是由于分析方法本身所造成的。实验人员必须充分了解和掌握测试方法的原理和特点，消除或减少这种误差。

由于仪器的精度有限，或长期使用造成仪器的磨损等，使仪器未能在最佳状态下工作而产生误差，例如，天平未校正；比色计的波长或比色皿的光径不准确等。即使仪器校准了，也不可能保证绝对精确，实验中也会有偏差。另外，试剂的纯度不符合要求等也会造成误差。在实验中，使用仪器设备与试剂会出现误差是客观存在的，只要合理地进行操作，就可减少或消除这类误差。

温度、湿度、气压、振动、光线、空气中含尘量、电磁场、海拔高度和气流等环境因素的变化对实验结果的影响显著。当其与要求的标准状态不符，以及在时间、空间上发生变化时，会使试剂材料的组成、结构、性质等发生变化；同时也会影响测量装置不能在标准状态下工作。如果实验周期长，实验结果受环境影响的可能性更大。

实验操作误差是由操作人员操作不正规或生理上的差异造成的。例如，操作人员生理上的最小分辨率、感觉器官的生理变化以及反应速度和固有习惯等。读数时偏高或偏低，终点观察超前或滞后都会引起误差。另外，实验由几个人共同完成时，操作人员之间的业务及固有习惯是有差异的，这些都会带来操作误差。

（二）误差的分类

误差根据其性质和产生的来源不同可分为三类：系统误差、随机误差和过失误差。

1. 系统误差

系统误差是指在测量和实验中由仪器本身性能、操作习惯或者环境条件等因素引起的误差，其特点是测量结果向一个方向偏移，其数值按一定规律变化，具有重复性、单向性。系统误差的来源主要有：测量仪器不良，如刻度不准、仪表零点未校正等；测试方法本身固有的性质，如实验条件不能达到理论公式要求等；外界环境的改变，如温度、压力、湿度等偏离校准值；实验人员的习惯和偏向，如读数偏高或偏低等。实验过程中应当根据系统误差的特点，找出其产生原因，设法消除或者降低系统误差的影响。

2. 随机误差

随机误差也称偶然误差，是在测量过程中随机产生的不可预计的误差，其产生的原因不明，具有有界性、对称性和补偿性。随着测量次数的增加，随机误差服从统计规律，其算术平均值趋近于零。因此，尽管随机误差无法控制和补偿，但多次测量结果的算术平均值将更接近真值。

3. 过失误差

过失误差是明显与事实不符的误差，主要是由实验人员粗心大意、操作不当或设备故障、工艺流程泄漏等引起的。过失误差无规律可循，致使测量值严重失真。在原因清楚的情况下，应及时消除过失误差。若原因不明，应根据统计学的方法进行判断和取舍。一旦存在过失误差，应舍弃有关数据重新测量，在实验过程中要加强责任感，养成专心、认真、细致的实验习惯，避免过失误差。

4. 精确度和精密度

精确度，反映测量值与真值的接近程度。精确度与测量误差大小相对应，是在一定条件下系统误差和随机误差的综合，精确度越高，测量误差越小。

精密度是一定条件下多次测量值间的离散程度，是测量值重现性的量度，反映随机误差的影响。精密度高，则表示随机误差小。精密度是获得良好测量精度的先决条件，精密度不好，就不可能获得良好的测量精度。

（三）误差的表示方法

误差是客观存在的，在测量过程中测量值不可能精确地等于真值。常用绝对误差和相对误差来表示测量值的准确程度。

1. 绝对误差

测量值跟真值之差，反映测量值偏离真值的绝对大小，其量纲和测量值、真值相同，但绝对误差不能完全反映测量的准确程度。

$$D = x - A_0$$

式中：D—绝对误差；

x—测量值；

A_0—真值。

由于真值 A_0 一般是无法测得的，常用两种方法来近似确定真值：一是相同条件下多次重复测量的平均值代替真值，二是采用高一级标准仪器的测量值（示值）作为实际值 A 以代替真值 A_0。由于高一级标准仪器存在较小的误差，所以 A 不等于 A_0，但更接近于 A_0。x 与 A 之差称为仪器的示值绝对误差，记为

$$d = x - A$$

2. 相对误差

绝对误差与真值的比值，反映绝对误差在真值中占有的比值，用百分数表示。相对误差能够反映测量的准确程度。

示值绝对误差 d 与被测量的实际值 A 的百分比称为实际相对误差，记为

$$\delta_A = \frac{d}{A} \times 100\%$$

以仪器的示值 x 代替实际值 A 的相对误差称为示值相对误差，记为

$$\delta_x = \frac{d}{x} \times 100\%$$

一般来说，生物工程实验过程中，用示值相对误差较为适宜。

3. 引用误差

测量的绝对误差与仪表的满量程范围之比，常用来衡量和确定仪表精度等级，用百分数表示。引用误差是相对误差的一种特殊形式，记为

$$\delta_{引} = \frac{绝对误差}{量程范围} \times 100\% = \frac{d}{X_n} \times 100\%$$

式中：d—绝对误差；

X_n—仪表量程范围（上限值—下限值）。

4.算术平均误差

各个测量值误差的算术平均值，在数据处理中常用来表示一组测量值的平均误差，记为

$$\delta_{平} = \frac{\sum\limits_{i=1}^{n}|d_i|}{n}$$

式中：n—测量次数；

d_i—第 i 次测量的误差。

5.标准误差

亦称均方根误差，是各测量值误差的均方根平均值，记为

$$\sigma = \sqrt{\frac{\sum\limits_{i=1}^{n}d_i^2}{n}}$$

上式适用于无限测量的场合。实际测量工作中，测量次数是有限的，测量的真值未知，采用下式计算标准误差：

$$\sigma = \sqrt{\frac{\sum\limits_{i=1}^{n}\left(x_i - \bar{x}\right)^2}{n-1}}$$

由此可见，标准误差不是测量值的实际误差，其对一组测量数据中的较大数据或较小数据比较敏感，其大小反映在一定条件下每一个测量值对其算术平均值的离散程度。标准误差越小，测量的精度就越高；反之精度就低。

（四）测量仪表精确度

仪器仪表的精确等级是用最大引用误差（又称允许误差）来表示的。最大引用误差等于仪表示值中的最大绝对误差与仪表的量程范围之比，用百分数表示，是仪表误差的主要形式，表明仪表的测量精度，是仪表最主要的质量指标，即

$$\delta_{引\max} = \frac{仪表最大绝对误差}{仪表量程范围} \times 100\% = \frac{d_{\max}}{X_n} \times 100\%$$

式中：$\delta_{引\max}$—仪表的最大引用误差；

$d_{\max}$—仪表示值的最大绝对误差；

X_n——仪表量程范围。

通常情况下采用标准仪表校验较低级别的仪表，因此最大示值绝对误差就是被校表与标准表之间的最大绝对误差。

若以 $a\%$ 表示某仪表的最大引用误差，则该仪表的精度等级为 a 级。精度等级的数值越小，说明最大引用误差越小，仪表精度等级越高。仪表的精度等级常以圆圈内的数字标明在仪表的面板上。例如，某台压力表的允许误差为 1.5%，这台压力表的精度等级就是 1.5，通常简称 1.5 级仪表。

假设某仪表的精度等级为 a 级，表明仪表在正常工作条件下，其最大引用误差的绝对值 $\delta_{引|max}$ 不能超过的界限 $a\%$，即

$$\delta_{引|max} = \frac{d_{max}}{X_n} \times 100\% \leqslant a\%$$

由上式可知，在应用该仪表进行测量时所能产生的最大绝对误差为

$$d_{max} \leqslant a\% \cdot X_n$$

由上式可以看出，用仪表测量值所能产生的最大相对误差不会超过该仪表允许误差 $a\%$ 乘以仪表量程 X_n 与测量值 X 的比。在实际测量中，为得到可靠的结果，取误差最大值，可用下式对仪表的相对测量误差进行估计：

$$\delta_m = a\% \cdot \frac{X_n}{X}$$

由此可见，仪表测量值的相对误差不仅与仪表的精度等级有关，而且与仪表量程和测量值有关。因此，在选用仪表时不能盲目追求仪表的精度等级，应兼顾仪表量程进行合理选择。一般而言，应使测量值落在仪表满刻度值的 2/3 处较为适宜。另外，在仪器精度能满足测试要求的前提下，尽量使用精度低的仪器，一方面可以降低测试成本；另一方面，高精度仪器对周围环境、操作等要求过高，使用不当时反而会加速仪器的损坏。

（五）直接测量值和间接测量值

直接测量值是通过仪器直接测试读数得到的数据，如分光光度计测出的吸光度值、发酵罐中的连接 pH 电极显示的 pH 值等；间接测量值就是直接测量值经过公式计算后得到的测量值，如根据单位时间内吸光度的变化值计算出的酶活性等。数据分析就是要对这些直接测量值或间接测量值进行分析、比较、整理和总结，并最终得出有价值的信息和规律。

二、实验数据的处理

实验数据处理是指从获得实验数据起，到得出实验结果止的加工处理过程。其中主要包括记录、整理、计算、分析等处理方法。本节将结合物理实验的基本要求，介绍一些最基本的实验数据处理方法：列表法、作图法、最小二乘法。

（一）列表法

顾名思义，列表法就是把数据按一定规律列成表格。它是记录数据的基本方法，又是其他数据处理方法的基础，应当熟练掌握。列表法处理数据，可以使实验结果一目了然，避免数据混乱或丢失数据，也便于查对。所以说，列表法是记录测量数据的最好方法。

为了养成良好习惯，减少差错，每次实验前都应该根据实验要求设计好所用的空白表格，以备在实验中记录数据。列表注意事项：

（1）表格设计合理、简单明了，重点考虑如何能完整地记录原始数据及揭示相关量之间的函数关系。

（2）表格的标题栏中注明物理量的名称、符号和单位（单位不必在数据栏内重复书写）。

（3）数据应是正确反映测量结果的有效数字。我们推荐一种避免数据记录出错的好办法：数据的原始记录采取直接记录标尺读数方式。即对从标尺上直接得到分度数不要做任何计算（不必乘以分度值），以免出错，在报告列表栏内再做必要的计算和整理。

（4）提供与表格有关的说明和参数。包括表格名称、主要测量仪器的规格（型号、分度值、量程及准确度等级等）有关的环境参数（如温度、湿度等）和其他需要引用的常量和物理量等。

实验数据记录举例，如表 1-1 所示。

表 1-1　伏安法测电阻数据表

测量次数	1	2	3	4	5
U / V	9.50	8.92	8.27	7.80	7.41
I / mA	49.2	46.3	42.9	40.6	38.4
电压表基本参数					
电压表	级别：0.5 级； 量程：0~10V		电流表	级别：0.5 级； 量程：0~50mA	

（二）作图法

在坐标纸上用曲线图形描述各物理量之间的关系，将实验数据用几何图形表示出来，这就是作图法。作图法的优点是直观、形象，便于比较和研究实验结果，求某些物理量，建立关系式等。

1. 作图法的作用与优点

（1）作图法可以研究物理量之间的变化规律，找出相互对应的函数关系。用作图法可以验证理论并有可能求出经验公式。

（2）用作图法可以简便地从图线中求出某些物理量。例如所作直线的斜率和截距可能就是要求的物理量，或者乘以一个已知量就得到要求的物理量。

（3）在图线上可以直接读出没有进行观测的对应物理量的值（内插法），也可以从图线的延伸线上读到原测量数据范围以外的点（外推法）。

（4）通过所作图线还可以发现实验中个别的测量错误，并可对系统误差进行初步分析和校准仪器。

（5）对某些复杂函数关系可通过变量置换法用直线来表示。例如，$PV=$ 恒量，若将 P—V 曲线改为 P—1/V 曲线，就把曲线变为直线了。

2. 作图法的局限性

（1）由于受图纸大小的限制，图上点所代表的数据一般只有三四位有效数字。

（2）图纸本身的均匀、准确程度有限。

（3）在图纸上连线时有相当大的主观任意性。

（4）作图法不是建立在严格统计理论基础上的数据处理方法。

3. 作图规则

（1）作图一定要用坐标纸

根据函数关系选用直角坐标纸、单对数坐标纸、双对数坐标纸或极坐标纸等，本书主要采用直角坐标纸。坐标纸的大小和坐标轴的比例，应根据测量数据的大小、有效数位和结果的需要来定。

（2）坐标轴的比例和标度

适当选取横轴和纵轴的比例及坐标的起点，使曲线比较对称地充满整个图纸，不偏于一角或一边。标度时要做到：

①轴上最小格对应数据中准确数字的最后一位，即要保证图上实验点的坐标读数的有

效数字不少于实验数据的有效数字位数。

②轴的标度应划分得当，以便不用计算就能直接读出图线上每一点的坐标。因此，通常每格代表 1、2、5，而不选用 3、7、9。

③横轴和纵轴的标度可以不同，使图线充分占有图纸空间，不要缩在一边或一角。两轴的交点可以不为零而取比数据中最小值稍小些的整数，以便调整图纸的大小和图线的位置。

（3）画出坐标轴的方向

标明其所代表的物理量及单位。一般是自变量为横轴，应变量为纵轴，采用粗实线描出坐标轴，并用箭头表示出方向，注明所示物理量的名称、单位。

坐标轴上要标明分度值（注意有效位数），即在坐标轴上每隔一定间距标明该物理量的数值。在图纸下方或图线上方的空白位置处写上图名。图名若以物理量符号表示，应把纵轴符号写在前，例如 P—V 曲线。

（4）曲线的标点

在图纸上用"+"标出各点的坐标。当在同一张纸上画出不止一条曲线时，每条曲线的数据点应采用不同的标记，可分别用"+""×""○"和"▲"等加以区别。

（5）用直尺或曲线板等连线

根据不同情况，把数据点连成直线或光滑曲线。图线不一定要通过所有的点，但要求图线两侧旁偏差点有较均匀的分布。校准曲线要通过各校准点，连成折线。

根据表 1-1 中的实验数据作图，如图 1-9 所示。

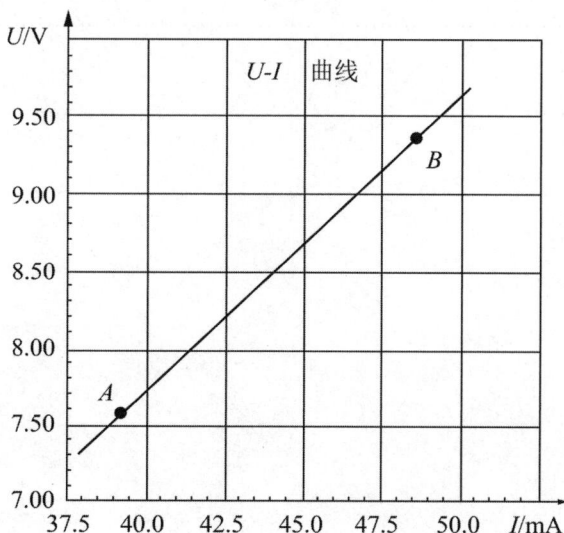

图 1-9　电阻的伏安特性曲线

（三）逐差法

逐差法是实验数据处理的一种基本方法，其实质就是充分利用实验所得的数据，减少随机误差，具有对数据取平均的效果。因为对有些实验数据，例如对弹性模量实验的标尺读数 n_i，若简单地取各次测量的平均值，中间各测量值将全部消掉，只剩始末两个读数，实际上等于单次测量。为了保持多次测量的优越性，一般对这种自变量等间隔连续变化的情况，常把数据分成两组，两组逐次求差再计算这个差的平均值。例如，弹性模量实验的 n_i，共测 10 个值，载荷每改变 5 kg 标尺读数平均变化为

$$\delta_n = \frac{(n_5 - n_0) + (n_6 - n_1) + (n_7 - n_2) + (n_8 - n_3) + (n_9 - n_4)}{5}$$

这种处理数据的方法就是逐差法。

思考与练习

1. 简述机械基础实验课程的重要性。
2. 简述机械基础实验课程的理念与任务。
3. 机械基础实验课程的学习分为哪些步骤？
4. 机械基础实验课程的基本要求有哪些？
5. 机械基础实验课程常用的量具和仪器有哪些？
6. 实验数据处理的方法有哪些？

第二章　机械原理实验

　　机械原理实验是机械原理课程的重要实践性环节，通过实验不仅可以验证课堂所学理论、加深对理论知识的理解，而且可以培养学生的动手能力、观察分析能力和勇于探索的创新精神。该部分实验能帮助学生理解课程内容，同时要求学生综合运用所学知识完成实验要求。

第一节　常用机构认知实验

　　机械是机器和机构的统称，机器是由各种机构所组成的，一台机器可由一种或者多种机构组成，如内燃机是由曲柄滑块机构、齿轮机构、凸轮机构等组合而成的。机构的运动形式也是多种多样的，但都是由一些常见的基本机构通过各种组合形式来协调实现的。通过本实验，使学生了解机构的组成原理、机构特点和应用场合，以及运动的传递过程，加深对机器的总体感性认识。

一、实验目的

　　1. 了解常用基本机构的结构、特点、类型及应用。

　　2. 了解机构的组成和运动传递过程。

　　3. 初步了解机器的组成原理，加深对机器总体的感性认识。

　　4. 配合课堂教学及课程进度，为学生展示大量丰富的实际机械、机构模型、机电一体化设备及创新设计实例，使学生对实际机械系统增加感性认识，加深对所学知识的理解，初步了解机械原理课程所研究的各种常用机构的结构、类型、特点及应用实例。

　　5. 开阔眼界，拓宽思路，启迪学生的创造性思维并激发学生创新的欲望，培养学生最基本的观察能力、动手能力和创造能力。

二、实验设备和工具

　　1. 配有同步讲解的"机械原理语音多功能控制陈列柜"。本套陈列柜是根据机械原理课程教学内容而设计的。主要展示平面连杆机构、空间连杆机构、凸轮机构、齿轮机构、轮系、间歇机构以及组合机构等常见机构的基本类型和应用，演示机构的传动原理。

2. 各种典型机构模型及机构创新设计产品。

三、实验内容

（一）对机器的认识

机器是根据某种具体使用要求而设计的多件实物（机件）的组合体。由原动部分、传动部分（机构）执行部分和控制部分组成的执行机械运动的装置，它可以转换和传递能量、物料和信息。如缝纫机可以缝合衣服，它是机器；汽车可以运送物料，它也是机器；打印机可以把电子信息变为纸上可见的信息，它还是机器。这些机器的共同点就是它们都是由多个机构组成的，且都是通过做功来完成机械运动的。

机器虽然是由多个构件组成的，但就内部结构而言，它又都是通过原动机（如电机）带动常用的传动机构（连杆、凸轮、链、同步带、齿轮或行星齿轮）来执行运动的。因此，所谓机器，主要也是由机构组成的。机械原理研究机械，实际上主要研究的是机构。[①]

通过对实物模型和机构的观察，学生可以认识到机器是由一个机构或几个机构按照一定运动要求组合而成的，所以只要掌握各种机构的运动特性，再去研究任何机器的特性就不困难了。在机械原理中，运动副是以两构件的直接接触形式的可动连接及运动特征来命名的，如高副、低副、转动副、移动副等。

（二）认识平面四杆机构

平面连杆机构中结构最简单、应用最广泛的是四杆机构。四杆机构分成三大类：铰链四杆机构、单移动副机构和双移动副机构。

（1）铰链四杆机构：分为曲柄摇杆机构、双曲柄机构、双摇杆机构，即根据两连架杆为曲柄或摇杆来确定。

（2）单移动副机构：它是以一个移动副代替铰链四杆机构中的一个转动副演化而成的，可分为曲柄滑块机构、曲柄摇块机构、转动导杆机构及摆动导杆机构等。

（3）双移动副机构：它是带有两个移动副的四杆机构，把它们倒置也可得到曲柄移动导杆机构、双滑块机构及双转块机构。

（三）认识凸轮机构

凸轮机构常用于把主动构件的连续运动，转变为从动件严格地按照预定规律的运动。

---

① 尹怀仙，王正超．机械原理实验指导［M］．成都：西南交通大学出版社，2018.

只要适当设计凸轮轮廓线，便可以使从动件获得任意的运动规律。由于凸轮机构结构简单、紧凑，因此广泛应用于各种机械、仪器及操纵控制装置中。

凸轮机构是由凸轮、从动件和机架三个基本构件组成的高副机构。凸轮是一个具有曲线轮廓或凹槽的构件，一般为主动件，做等速回转运动或往复直线运动。从动件与凸轮轮廓接触，是传递动力和实现预定运动规律的构件，一般做往复直线运动或摆动。从动件能获得较复杂的运动规律，因为从动件的运动规律取决于凸轮轮廓曲线，所以在应用时，只要根据从动件的运动规律来设计凸轮的轮廓曲线就可以了。凸轮机构的类型较多，学生在参观这部分时应了解各种凸轮的特点和结构，找出其中的共同特点。

（四）认识齿轮机构

齿轮机构是现代机械中应用最广泛的一种传动机构。它具有传动准确可靠、运转平稳、承载能力大、体积小、效率高等优点，广泛应用于各种机器中。

根据轮齿的形状齿轮分为直齿圆柱齿轮、斜齿圆柱齿轮、圆锥齿轮及蜗轮、蜗杆。

按照一对齿轮传动的传动比是否恒定，齿轮机构可以分为两大类：一是定传动比齿轮机构。其齿轮是圆形的，又称为圆形齿轮机构，是目前应用最广泛的一种。二是变传动比齿轮机构。其齿轮一般是非圆形的，又称为非圆形齿轮机构，仅在某些特殊机械中使用。按照一对齿轮在传动时的相对运动是平面运动还是空间运动，圆形齿轮机构又可以分为平面齿轮机构和空间齿轮机构两类。

在齿轮传动机构的研究、设计和生产中，一般要满足以下两个基本要求：传动平稳，在传动中保持瞬时传动比不变，冲击、振动及噪声尽量小；承载能力大，在尺寸小、重量轻的前提下，要求轮齿的强度高、耐磨性好及寿命长。

参观这部分时，学生需要掌握：什么是渐开线，渐开线是如何形成的，什么是基圆和渐开线发生线，并注意观察基圆、发生线、渐开线三者间关系，从而得出渐开线有什么性质。

再就观察摆线的形成，要了解什么是发生圆，什么是基圆，动点在发生圆上位置发生变化时，能得到什么样轨迹的摆线。

同时还要通过参观总结出齿数、模数、压力角等参数变化对齿形有何影响。

（五）认识周转轮系

通过各种类型周转轮系的动态模型演示，学生应该了解什么是定轴轮系，什么是周转轮系；根据自由度不同，周转轮系又分为行星轮系和差动轮系，它们有什么差异和共同点；

差动轮系为什么能将一个运动分解为两个运动或将两个运动合成一个运动。

周转轮系的功用、形式很多，各种类型都有它自己的缺点和优点。在我们今后的应用中应如何避开缺点、发挥优点等都是需要学生实验后认真思考和总结的问题。

（六）认识其他常用机构

其他常用机构常见的有棘轮机构、摩擦式棘轮机构、槽轮机构、不完全齿轮机构、凸轮式间歇运动机构、万向节及非圆齿轮机构等。通过各种机构的动态演示，学生应知道各种机构的运动特点及应用范围。

（七）认识机构的串、并联

展柜中展示有实际应用的机器设备、仪器仪表的运动机构。从这里可以看出，机器都是由一个或几个机构按照一定的运动要求串、并联组合而成的。所以在学习机械原理课程中一定要掌握好各类基本机构的运动特性，才能更好地去研究任何机构(复杂机构)的特性。

四、实验步骤

1. 认真阅读和掌握教材中相关部分的理论知识。

2. 按照机械原理陈列柜所展示的零部件顺序，由浅入深、由简单到复杂进行参观认知，指导教师做简要讲解。

3. 仔细观察和讨论各种机械零部件的结构、类型、特点及应用范围。[1]

4. 认真完成实验报告。

①要求学生课前认真预习实验指导书及相关的知识内容，并统一用学校规定的"实验报告"用纸写出预习报告。

②上实验课必须带学校规定的"实验报告"用纸作为课内用纸，对已知条件、实验数据及各种图表做好记录，实验结束后，必须请实验指导教师检查并在课内用纸上签字，方可离开实验室。

③要求统一用学校规定的"实验报告"用纸写出实验报告，报告要求一周内上交。

---

① 何军，冯梅．机械基础实验教程（非机械类）[M]．武汉：华中科技大学出版社，2017．

实验一　机构认知实验报告

1.实验目的

2.实验设备及工具

3.写出实验中所观察的机构的名称

4.思考题

第二节　机构运动简图测绘与分析实验

在对现有机械进行分析或设计新的机械时，为了突出表达机构的运动特征，常常撇开组成机构的各构件的实际结构形状，用简单的线条和规定的符号来表示构件与运动副，并按一定的比例尺定出各运动副的位置，将机构的运动情况表示出来，这种用以表示机构运动情况的简化图形，称为机构运动简图。[①]

一、实验目的

1. 熟悉各种运动副、构件和机构的表示符号。

2. 了解机构自由度概念、机构自由度的计算公式。

3. 能依据实际机械和机构模型，绘制其机构运动简图。

4. 能根据绘制的机构运动简图，正确计算该机构的自由度。

二、实验设备和工具

1. 各种机构模型。

2. 钢尺、绘图工具。

三、实验原理

（一）机构运动简图的作用

在对现有机械进行分析或设计新的机械时，都需要绘制其机构运动简图。由于机构各部分的运动是由其原动件的运动规律、机构中各运动副的类型和机构的运动尺寸来决定的，而与构件的外形、断面尺寸、组成构件的零件数目和连接方式无关，因此，只须根据机构的运动尺寸，按一定的比例定出各运动副的位置，就可用运动副及常用机构运动简图的代表符号和一般构件的表示方法将机构的运动传递情况表示出来。机构运动简图使了解机械的组成及对机械进行运动和动力分析变得十分简便。

（二）常用符号

为了便于表示运动副和绘制机构运动简图，运动副常用简单的图形符号来表示（见GB/T 4460-2013），表 2-1 和表 2-2 为常用运动副和机构运动简图符号。

1. 常用运动副符号

[①] 田春林. 机械工程基础实验 [M]. 北京：北京理工大学出版社，2012.

表 2-1　常用运动副符号

2. 常用机构运动简图符号

表 2-2　常用机构运动简图符号

凸轮传动	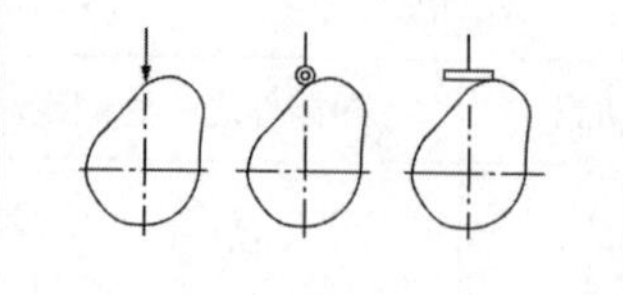	外啮合圆柱齿轮传动	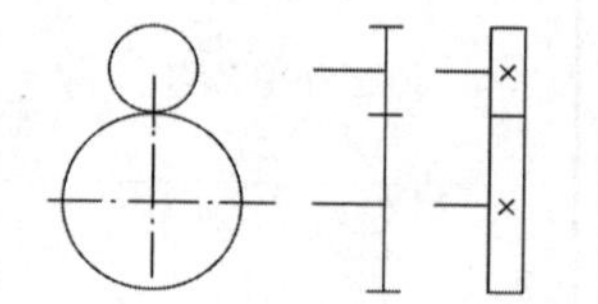
内啮合圆柱齿轮传动	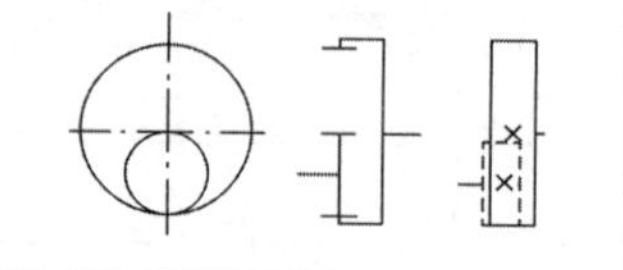	棘轮机构	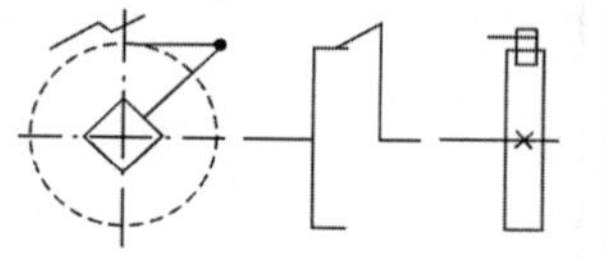

3. 一般构件的表示方法

一般构件的表示方法见表 2-3。

表 2-3　一般构件的表示方法

杆、轴类构件	
固定构件	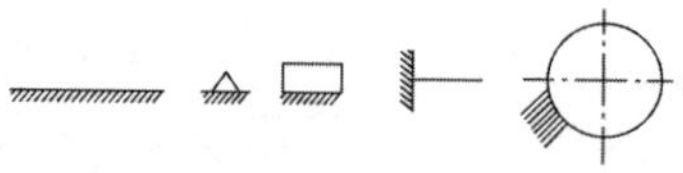
同一构件	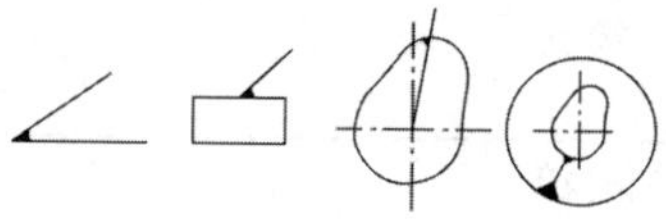
两副构件	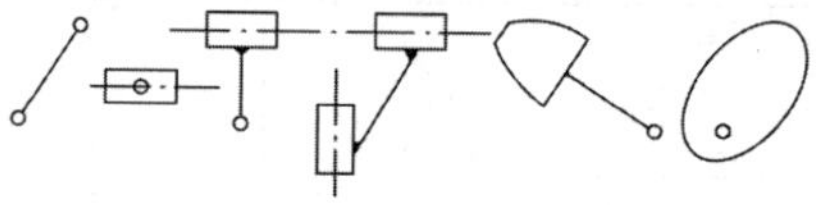
三副构件	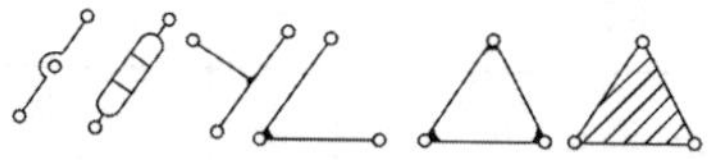

（三）平面机构的自由度计算

1. 自由度计算公式

自由度计算公式为

$$F = 3n - \left(2P_1 + P_h - P'\right) - F'$$

式中：n—活动构件数目；

P_1—低副数目；

P_h—高副数目；

P'—虚约束数目；

F'—局部自由度数目。

2. 计算自由度的注意事项

①正确计算运动副数目。

②正确计算局部自由度。

③正确计算虚约束。

四、实验内容及步骤

本实验内容为如下：①绘制机构模型的运动简图；②测量各运动副之间的尺寸；③计算机构的自由度，并判定运动的确定性。

为便于掌握，引用例题说明。

例：试测绘画图 2-1（a）所示的偏心轮机构模型的运动简图。

（一）认清机构的各个构件并编以序号

缓慢转动原动件手柄，使机构运动。注意观察哪个构件是机架，有哪些活动构件，并将它们逐一编号。在本例中，机架是构件 1，活动构件有偏心轮 2、连杆 3、活塞 4。

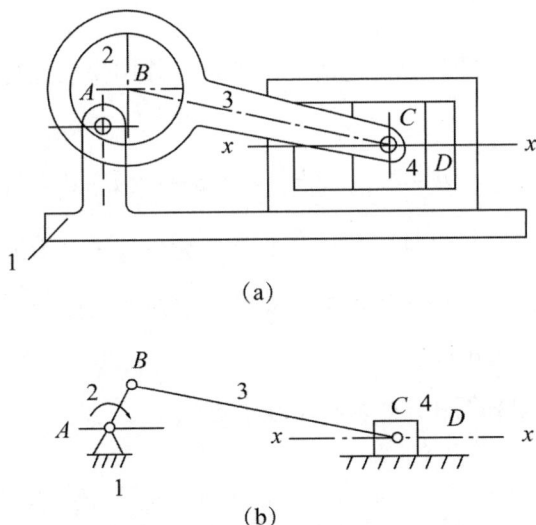

(a)

(b)

图 2-1 偏心轮机构模型的运动简图

（二）找出各运动副，判别它们的类型，用规定的符号表示，并注以字母

反复转动手柄，可以观察到构件 2 绕机架上的 A 点转动，故两者在 A 点组成转动副；

构件 3 与 2 之间做相对转动，转动中心在偏心轮的圆心 B，故两者在 B 点组成转动副；构件 3 与 4 绕 C 点做相对运动，故两者在 C 点组成转动副；构件 4 沿机架 1 的 $x—x$ 水平线做移动，故两者组成沿该方位线的移动副。接着在纸上画出三个相应的转动副符号，并注以字母 A、B、C 和一个移动副符号，并注以字母 D。

（三）用简单线条表示出机构的各个构件

（1）对于带有两个转动副的构件，不论其外形如何，常用连接两转动副之间的直线来表示。例如直线 AB 表示构件 2；直线 BC 表示构件 3。

（2）对于带有移动副的构件，不论其截面形状如何，常用一个滑块或一条实线段表示，例如滑块 4 代表带有移动副的构件 4，$x—x$ 线表示滑块运动的方位线，一般画在通过滑块铰链的中心 C 点位置。

（3）测量机构尺寸。按比例在实验报告上绘制运动简图，测量杆 $\overline{AB}$ 和 $\overline{BC}$ 杆的长度以及 $x—x$ 线到曲柄转动中心 A 点的垂直距离。选定恰当的比例 μ_L 和机构原动件的位置，画出本机构的运动简图，如图 2-1（b）所示。

$$长度比例尺 \mu_L = \frac{实际长度 L_{AB}(m 或 cm)}{图上长度 AB(mm)}$$

（四）分析计算

按绘制出的机构运动简图计算出它的自由度数，并用模型进行验证。本机构的自由度数为：

$$F = 3n - 2P_L - 2P_H = 3 \times 3 - 4 \times 2 - 0 = 1$$

根据机构具有确定运动的条件，机构的原动件数应等于自由度数。我们令本机构的曲柄为原动件。转动曲柄，观察到其余各个从动件均做确定的运动。故知绘制出的机构运动简图的自由度数与实际机构相符。

注：自由度 F 不能单独写 1，必须写出整个过程。

第三节　机构运动参数的测定与分析实验

一、实验目的

1.掌握应用游标卡尺测定渐开线直齿圆柱齿轮基本参数的方法。

2.巩固并熟悉齿轮的各部分尺寸、参数之间的关系和渐开线的性质。

二、实验设备和工具

1.齿轮两个（齿数为奇数和偶数的各一个）。

2.游标卡尺、内外卡和钢皮尺。

3.自带计算器、渐开线函数表、草稿纸、文具等。

三、实验原理

齿轮模数 m 可通过测量齿轮基圆周节 P_b 求得。P_b 的测量方法如图 2-2 所示。用游标卡尺跨过 n 个齿，测得齿轮公法线长度为 W_n（mm），然后再跨过 n+1 个齿，测得其齿轮公法线长度为 W_{n+1}（mm）。为了使测得数值尽可能准确，应尽可能使卡尺的两个量足与齿廓在分度圆附近相切。为此，应按合理的跨齿数进行测量。

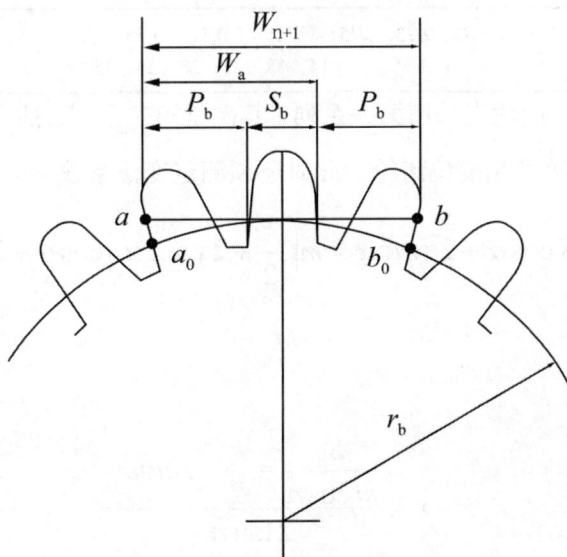

图 2-2　齿轮参数测量

跨齿数 n 可参考表 2-4 来决定。表中 z 为被测齿轮齿数。

表 2-4 测量标准齿轮的 P_b 时应跨过的齿数

z	12~17	18~26	27~35	36~44	45~53	54~62	63~71	72~80
n	2	3	4	5	6	7	8	9

由渐开线的性质可知，公法线长度 AB（图 2-2）与对应的基圆上的弧长 A_0B_0 长度相等。因此

同理

$$W_{n+1} = nP_b + S_b \qquad (2-1)$$

所以

当求出基圆周节值后，可按下式计算被测齿轮的模数

$$m = \frac{P_b}{\pi \cos \alpha} \qquad (2-2)$$

由于式中的 α 可能是 15° 也可能是 20°（国标设计的齿轮），故要分别带入式（2-2）中，算出相应的模数，找到最接近标准值的一组解答，即为所求的值。

表 2-5 标准模数系列（GB 1357—1987）

第一系列	0.1，0.12，0.15，0.2，0.25，0.3，0.4，0.5，0.6，0.8，1，1.25，1.5，2，2.5，3，4，5，6，8，10，12，16，20，25，32，40，50
第二系列	0.35，0.7，0.9，1.75，2.25，2.75，（3.25），3.5，（3.75），4.5，5.5，（6.5），7，9，（11），14，18，22，28，36，45

注：选用模数时，应优先采用第一系列，其次是第二系列，括号内的模数尽可能不用。

又因被测齿轮有可能是变位齿轮，此时还须测定变位系数 x。利用基圆齿厚公式：

$$S_b = S \cos \alpha + 2r_b inv\alpha = m\left(\frac{\pi}{2} + 2x \tan \alpha\right)\cos \alpha + 2r_b inv\alpha \qquad (2-3)$$

可得

$$x = \frac{\dfrac{S_b}{m\cos \alpha} - \dfrac{\pi}{2} - zinv\alpha}{2\tan \alpha}$$

式中

$$S_b = W_{n+1} - nP_b$$

再利用齿根高公式

$$h_f = m\left(h_a^* + c^* - x\right) = \frac{mz - d_f}{2} \qquad （2-4）$$

来确定 h_a^* 和 c^*。式中齿根圆直径 d_f 可用游标卡尺测定，仅 h_a^* 和 c^* 未知，故分别用 $h_a^* = 1$，$c^* = 0.25$ 和 $h_a^* = 0.8$，$c^* = 0.3$ 两组标准值代入。满足等式的一组数值，即为所求的解。

四、实验内容及步骤

本实验是希望通过观察、测量和计算，确定两个齿轮的齿数 z、模数 m、压力角 α、齿顶高系数 h_s^*、顶隙系数 c^* 和变位系数 x 等值。

具体步骤如下：

1. 直接计数实测齿轮的齿数 z。

2. 测量 W_n 和 W_{n+1}，要求对每一个齿轮沿不同方位跨齿测量三次，取平均值作为测量数据。

3. 测量 d_a 和 d_f，同样要求在不同方位测量三次。对于偶数齿齿轮，可直接测量，如图 2-3 所示。

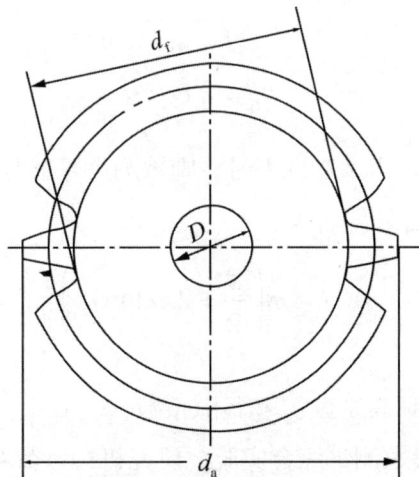

图 2-3 偶数齿齿轮测量

对于奇数齿齿轮，须间接测量，如图 2-4 所示。

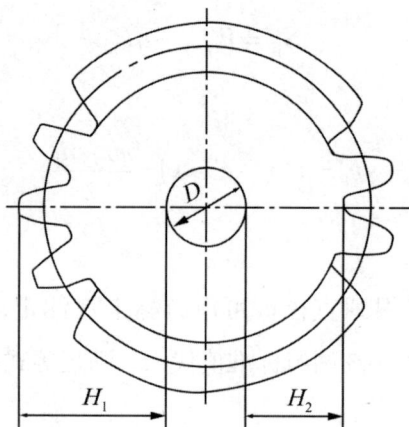

图 2-4　奇数齿齿轮测量

其测定步骤如下：

①测量中心孔直径 D。

②测量孔壁到齿顶圆的径向距离 H_1。

③测量孔壁到齿根圆的径向距离 H_2。

④计算 d_a 和 d_f。

4. 用式（2-1）、式（2-2）先后计算出 P_b 和 m，α。

5. 计算分度圆直径 d 和基圆直径 d_b。

$$d = mz$$
$$d_b = d\cos\alpha$$

6. 用式（2-3）计算 x，当 x 接近零时，则被测齿轮就是标准齿轮，否则是变位齿轮。

7. 计算分度圆齿厚

$$S = m\left(\frac{\pi}{2} + 2x\cdot\tan\alpha\right)$$

8. 用式（2-4）确定齿顶高系数 h_a^* 和径隙系数 c^*。

综上，基于机构运动参数测试综合实验，研究机构参数对从动件运动规律的影响，能够系统分析实验误差，建立与实验机构参数一致的机构仿真分析模型并进行动力学仿真分析，以实验结果进行验证，扩大仿真分析的参数范围，总结机构参数变化的影响规律。[1]

① 葛培琪，毕文波，朱振杰．机械综合实验与创新设计 [M]．武汉：华中科技大学出版社，2016.

第四节　机构综合设计实验

一、实验目的

1. 加强学生对机构组成原理的认识，进一步了解机构组成及其运动特性，为机构创新设计奠定良好的基础。

2. 增强学生对机构的感性认识，培养学生的工程实践及动手能力；体会设计实际机构时应注意的事项；完成从运动简图设计到实际结构设计的过渡。

3. 培养学生创新意识及综合设计的能力。

二、实验设备和工具

1. 设备

创新组合模型两组。一组机构系统创新组合模型（包括四个架）基本配置所含组件如下：接头（接头分单接头和组合接头两种：单接头有五种形式，组合接头有四种形式）、连杆、凸轮及凸轮副从动组件、齿轮、齿条、组合机架、旋转式电动机总成、减速直线式电动机总成、用于拼接各种机构形式的其他辅助零件。

另外，根据教学实践的创意及需要，在模型上通常要增加其他构件。

2. 工具

平口螺丝刀和固定扳手及活动扳手若干套。

三、实验原理

任何平面机构都可用零自由度的杆组依次连接到原动件和机架上去的方法来组成，这就是本实验的基本原理。用本实验装置可搭接的杆组有：

1. 单构件高副杆组（一个构件、一个低副和一个高副）。

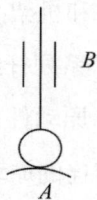

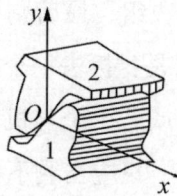

图 2-5　凸轮副　图 2-6　齿轮副

2. 平面低副Ⅱ级杆组共有五种形式，如图 2-7 所示。

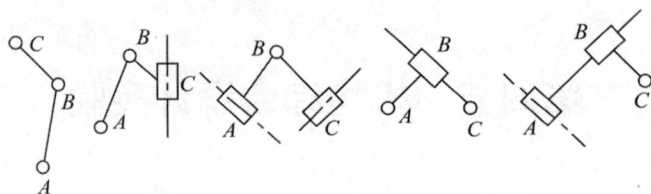

图 2-7　平面低副Ⅱ级杆组

3. 常见的平面低副Ⅲ级杆组，如图 2-8 所示。

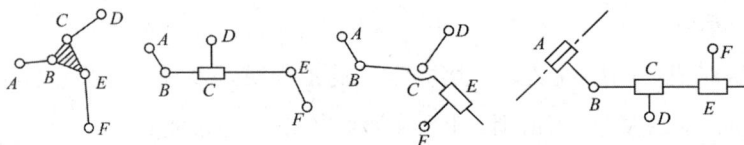

图 2-8　平面低副Ⅲ级杆组

四、实验内容及步骤

（一）实验前的准备工作

（1）要求预习本实验，掌握实验原理，初步了解机构创新模型。

（2）熟悉教师给定的设计题目及机构系统运动方案（也可自己选择设计题目，初步拟订机构系统运动方案）。

（3）拆分杆组，画在纸上，实验前交由教师检查。

（二）正确拆分杆组

从机构中拆出杆组有三个步骤：

（1）先去掉机构中的局部自由度和虚约束。

（2）计算机构的自由度，确定原动件。

（3）从远离原动件的一端开始拆分杆组，每次拆分时，先试着拆分出Ⅱ级组，没有Ⅱ级组时，再拆分Ⅲ级组等高级组，最后剩下原动件和机架。

拆组是否正确的判定方法是：拆去一个杆组或一系列杆组后，剩余的必须为一个与原机构具有相同自由度的子机构或若干个与机架相连的原动件，不能有不成组的零散构件或运动副存在。全部杆组拆完后，只应当剩下与机架相连的原动件。

如图 2-9 所示机构，可先除去Ⅰ处的局部自由度；然后，按步骤（2）计算机构的自由度：$F=1$，并确定凸轮为原动件；最后根据步骤（3）的要领，先拆分出由滑块 C 和构件 MC 组成的Ⅱ级RRP杆组，接着拆分出由构件AB和BD组成的Ⅱ级RRR杆组，再拆分出由构件EF和FG组成的Ⅱ级RRR杆组，最后拆分出由构件GHI组成的单构件高副杆组，最后剩下原动件KM和机架。

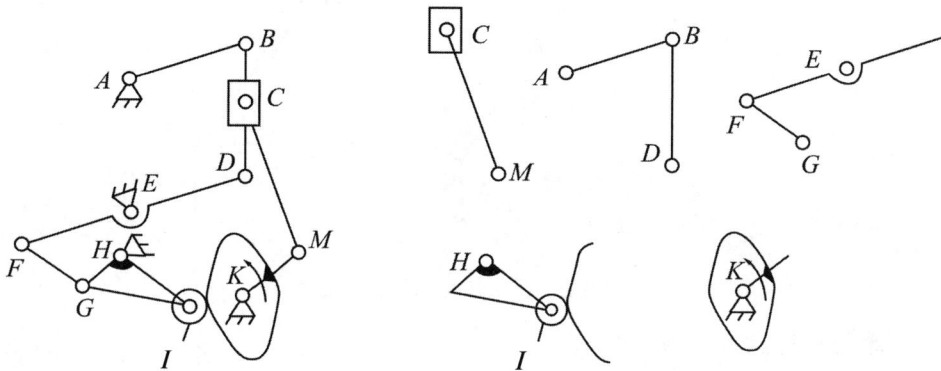

图2-9　机构拆分例图

（三）正确拼装杆组

将机构创新模型中的杆组，根据给定的运动学尺寸，在平板上试拼机构。拼接时，首先要分层，一方面是为了使各构件的运动在相互平行的平面内进行，另一方面是为了避免各构件间的运动发生干涉，因此，这一点是至关重要的。试拼之后，从最里层装起，依次将各杆组连接到机架上去。

1. 移动副的联接

图2-10表示两构件以移动副相连接的方法。

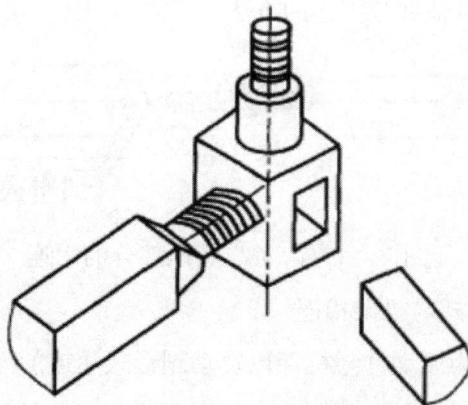

图2-10　移动副的连接

2. 转动副的连接

图 2-11 表示两构件以转动副相连接的方法。

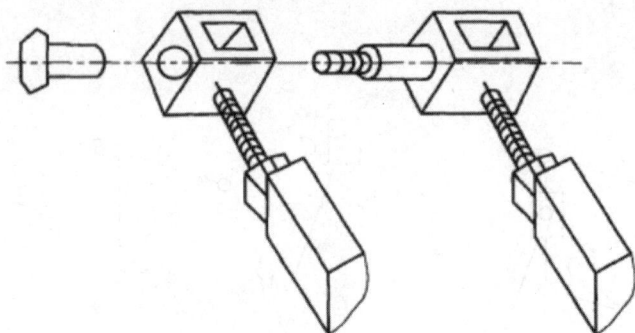

图 2-11　转动副的连接

3. 齿条与构件以转动副相连

图 2-12 表示齿条与构件以转动副的形式相连接的方法。

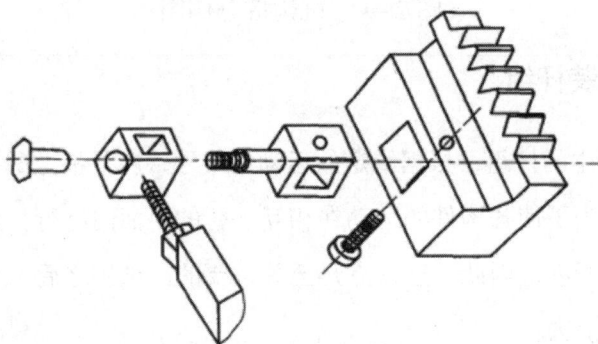

图 2-12　表示齿条与构件以转动副形式连接

4. 齿条与其他部分的固连

图 2-13 表示齿条与其他部分固连的方法。

图 2-13　齿条与其他部分的固连

5. 构件以转动副的形式与机架相连

图 2-14 表示连杆作为原动件与机架以转动副形式相连的方法。用同样的方法可以将凸轮或齿轮作为原动件与机架的主动轴相连。如果连杆或齿轮不是作为原动件与机架以转动副形式相连，则将主动轴换作螺栓即可。注意，为确保机构中各构件的运动都必须在相

互平行的平面内进行，可以选择适当长度的主动轴、螺栓及垫柱，如果不进行调整，机构的运动就可能不顺畅。

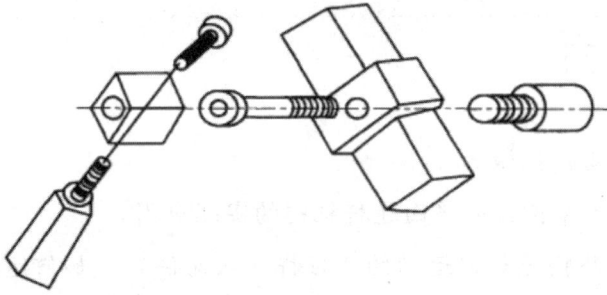

图 2-14　构件与机架以转动副的形式相连

6. 构件以移动副的形式与机架相连

图 2-15 表示移动副作为原动件与机架的连接方法。

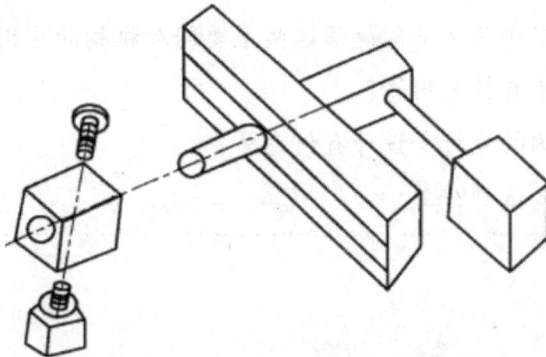

图 2-15　构件与机架以移动副的形式连接

（四）实现确定运动

试用手动的方式驱动原动件，观察各部分的运动都畅通无阻之后，再与电机相连，检查无误后，方可接通电源。

（五）分析机构的运动学及动力学特性

通过观察机构系统的运动，对机构系统运动学及动力学特性做出定性的分析。一般包括如下五个方面：

（1）平面机构中是否存在曲柄。

（2）输出件是否具有急回特性。

（3）机构的运动是否连续。

（4）最小传动角（或最大压力角）是否在非工作行程中。

（5）机构运动过程中是否具有刚性冲击、柔性冲击。

思考与练习

1. 何谓机构、机器、机械？

2. 何谓连杆机构？举例说明平面连杆机构的实际应用。

3. 一般情况下，凸轮是如何运动的？推杆（从动件）是如何运动的？举例说明凸轮的应用实例。

4. 一般情况下，一对齿轮传动实现了怎样的运动传递和变换？常用的齿轮传动有哪些种类？举例说明齿轮传动的应用实例。

5. 何谓轮系？轮系分为哪些种类？周转轮系中行星轮的运动有何特点？轮系的功用主要有哪些？

6. 常用的间歇机构有哪些？举例说明这些主要间歇机构的应用。

7. 机构运动简图主要有什么用途？

8. 机构自由度对机构的分析和设计有何意义？

9. 零件与构件有什么区别？

第三章　机械设计实验

机械设计实验主要针对机械设计课程，通过机械设计实验、机械产品认识和组装实践，结合机械原理、机械设计、机械制造工艺学等，进一步加深巩固已学的机械设计基础知识，提高机械设计能力及初步工艺分析能力。机械设计实验室针对机械设计基础课程规划以下实验教学内容。[①]

第一节　机械设计认知实验

机械的基本组成要素是机械零件。机械零件可以分为两大类：一类是在各种机器中经常都能用到的零件，叫作通用零件，如螺钉、齿轮、链轮等；另一类则是在特定类型的机器中才能用到的零件，叫作专用零件，如涡轮机的叶片、飞机的螺旋桨、往复式活塞内燃机的曲轴等。另外，还常把由一组协同工作的零件所组成的独立制造或独立装配的组合体叫作部件，如减速器、离合器等。

一、实验目的

1. 了解常见机械零部件的基本类型、机构形态和实际应用。

2. 了解机械传动的常用类型、传动原理及应用场合。

二、实验设备和工具

JXL-10 型机械设计陈列柜，由 10 个单体陈列柜组成，陈列柜中模型的运动和播音讲解用大容量语音芯片的计算机程控。陈列柜精选模型，配合相应的图文资料，系统形象地演示机械的组成、连接零件、传动零件、轴系及其他零部件等通用零件的基本类型、结构形态及设计方法。

---

① 杨洋．机械设计基础实验教程 [M]．2 版．北京：北京航空航天大学出版社，2016.

三、实验内容

1. 观察常见连接的类型和结构形式，了解各种不同连接的基本参数、类型特点、应用场合、选用原则和主要的失效形式。

2. 观察机械传动的常见类型，了解几种主要机械传动的结构组成、技术指标、应用场合和失效形式。

3. 观察轴系零部件的类型和结构形式，了解轴系零部件结构设计的主要内容、工作原理和失效形式。

四、实验步骤

（一）常见连接

机械中的连接有两大类：一类在机械工作时被连接零（部）件间有相对运动，称为机械动连接；另一类在机械工作时被连接零（部）件间不允许产生相对运动，称为机械静连接。

机械静连接又分为可拆连接和不可拆连接。可拆连接是无须毁坏连接中的任一零件即可拆开的连接，故多次装拆无损于其使用性能。常见的有螺纹连接、键连接、花键连接、过盈连接及销连接等，其中尤以螺纹连接和键连接应用较广。不可拆连接是至少毁坏连接中的某一部分才能拆开的连接，常见的有铆钉连接、焊接、胶接等。

另外，还有一种可以做成可拆或不可拆的过盈连接，在机械中也常使用。

1. 螺纹连接

螺纹连接是利用带螺纹的零件形成的一种可拆连接。螺纹连接结构简单，装拆方便，工作可靠。通过专业化生产企业制造的螺纹连接零件成本低，性能好，品种全，购买方便，可重复使用，是一种应用广泛的机械连接方式。

螺栓连接是将螺栓杆穿过被连接件的孔，拧上螺母，将几个被连接件连成一体。通常用于被连接件不太厚，且有足够装配空间的情况。螺栓连接又分为普通螺栓连接和铰制孔用螺栓连接两种不同的形式，如图3-1所示。

螺钉连接是不用螺母，直接将螺栓（或螺钉）旋入被连接件之一的螺纹孔内而实现的连接，如图3-2所示。其应用场合与双头螺柱连接相似，但如经常装拆，易使螺纹孔磨损，可能导致被连接件报废，故多用于受力不大或不需要经常装拆的场合。

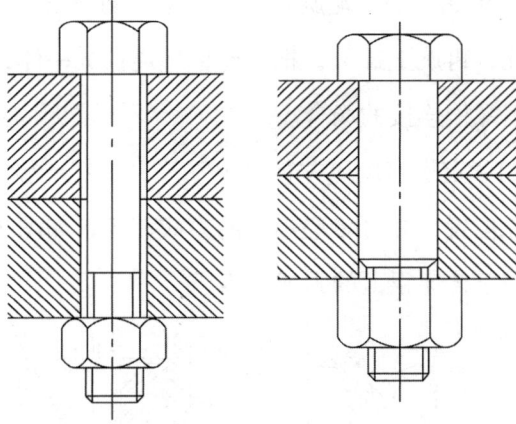

图 3-1 普通螺栓连接和铰制孔用螺栓连接

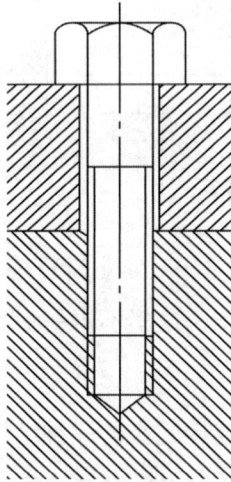

图 3-2 螺钉连接

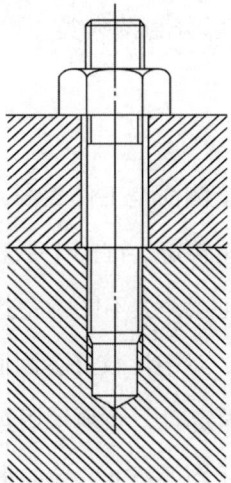

图 3-3 双头螺柱连接

双头螺柱连接是将双头螺柱的一端旋紧在被连接件的螺纹孔中，另一端穿过另一（或其余几个）被连接件的孔，再旋上螺母，把被连接件连接成一体，如图 3-3 所示。这种连接适用于结构上不能采用螺栓连接的场合。

紧定螺钉连接是利用紧定螺钉旋入并穿过一零件，以其末端压紧或嵌入另一零件，用以固定两零件之间的相互位置，并可传递不大的力或扭矩，如图 3-4 所示。这种连接多用于轴上零件的连接，不宜于传递很大的力或力矩。

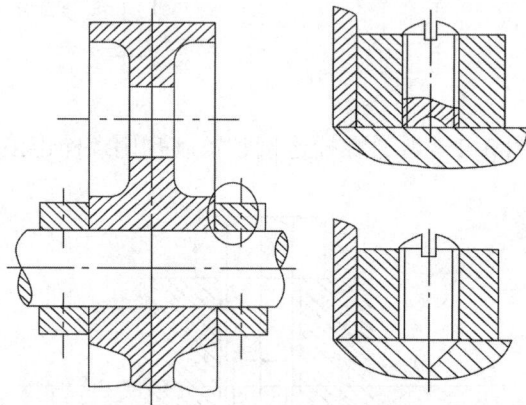

图 3-4　紧定螺钉连接

此外，还有一些特殊结构的连接，这里不再一一分析。

2. 键连接

键连接是用键把轴和轴上零件连接起来的一种结构形式。有的键连接也有轴向固定或实现轴上零件轴向移动的作用。这种连接凭借其结构简单、工作可靠、装拆方便等优点获得了广泛的应用。

按装配时是否受力，键连接可以分为两大类：松键连接——平键和半圆键；紧键连接——楔键和切向键。

（1）平键连接

平键的横截面为矩形，键的两个侧面是工作表面，与键槽有配合关系，工作时，靠键与键槽侧面的挤压和键受剪切来传递转矩。键的上下表面互相平行，普通平键和导向平键的顶面与轮毂键槽的底面之间留有间隙，故不影响轮毂与轴的对中。

平键连接结构简单，装拆方便，对中性较好，因而应用十分广泛。但平键连接不能承受轴向力，当轮毂在轴上需要轴向固定时，必须采用其他结构措施。

按照用途，平键分为普通平键（图 3-5）、导向平键和滑键（图 3-6）。

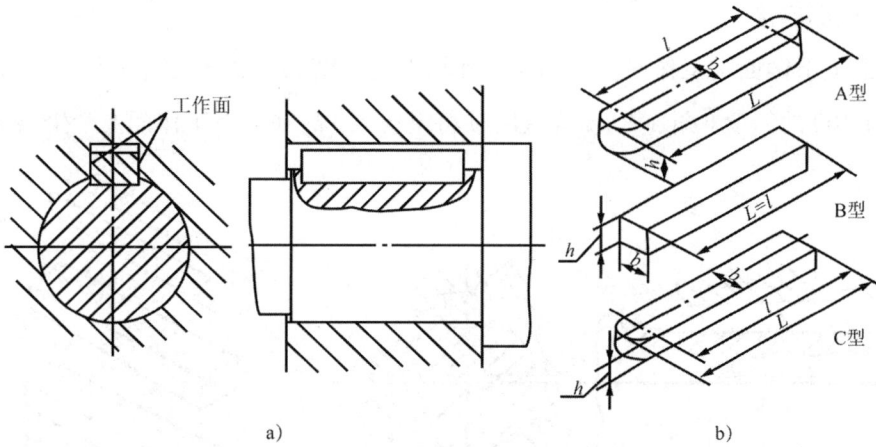

图 3-5　普通平键连接

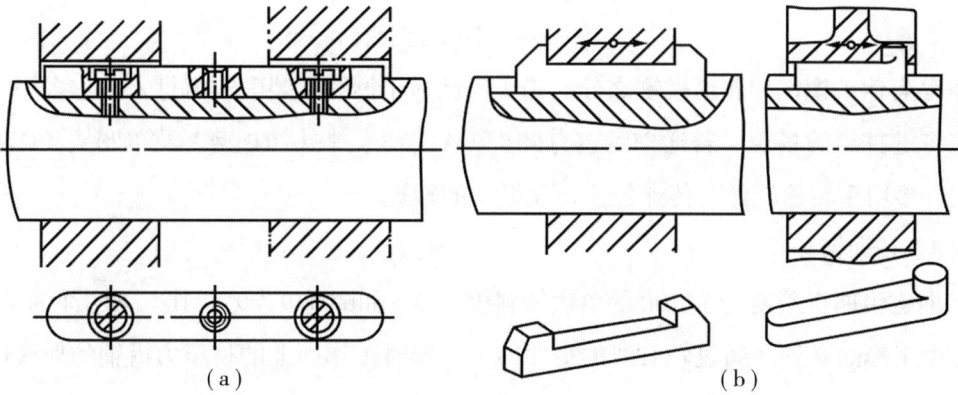

图 3-6　导向平键和滑键连接

（a）导向平键连接；（b）滑键连接

（2）半圆键连接

半圆键连接的工作原理和平键相同，如图 3-7 所示。半圆键可在轴槽中绕几何中心摆动，以适应轮毂中键槽的斜度。半圆键用于静连接，半圆键工作时，靠其侧面来传递转矩。这种键连接的优点是工艺性较好，装配方便。缺点是轴上键槽较深，对轴的强度削弱较大，故主要用于载荷较轻的连接中，也常用作锥形轴端与轮毂连接的辅助装置中。

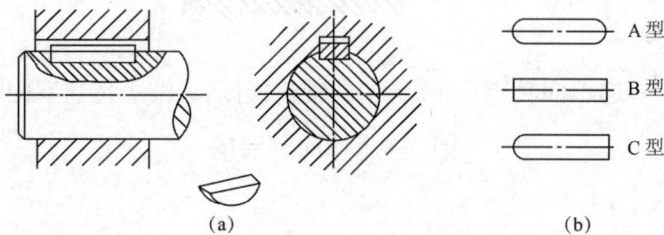

图 3-7　半圆键连接

（3）楔键连接

楔键的上下两面是工作面，分别与毂和轴上的键槽底面贴合。它的上表面和轮毂上键槽底面有 1/100 的斜度（图 3-8），安装时须将键揳紧，故在上下工作面上产生很大压紧力。

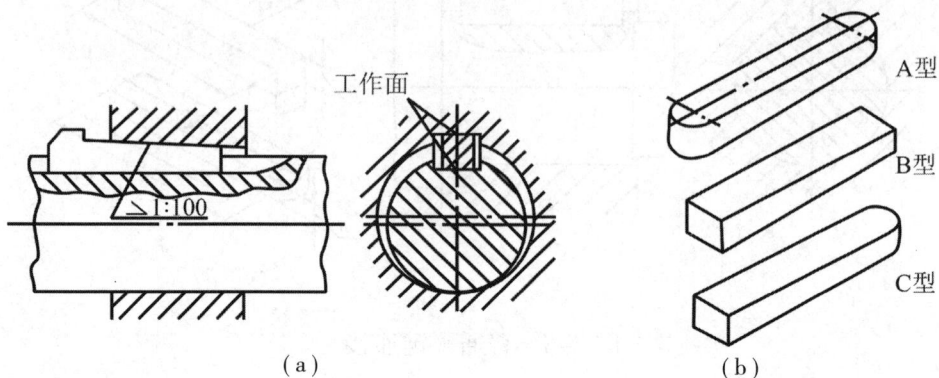

图 3-8　楔形连接

楔键有钩头楔键和普通楔键之分。钩头楔键易于拆卸，装配时需打入，它多用于不能从小端将键打出的场合。普通楔键也有圆头（A 型）、平头（B 型）及单圆头（C 型）三种形式，多用于转速较低、传递较大、无振动的转矩。

（4）切向键连接

切向键由两个斜度为 1∶100 的单边倾斜楔组成，如图 3-9 所示。其上下两面为工作面，其中一个工作面必须在通过轴心线的平面内，工作时工作面上的挤压力沿轴的切线作用。如果传递双向转矩，必须用两个切向键，并错开 120° ～ 130° 反向安装。切向键也能传递单向的轴向力。切向键主要用于轴径大于 100mm、定心要求不高、低速和不承受冲击、振动或变载的重型机械中。

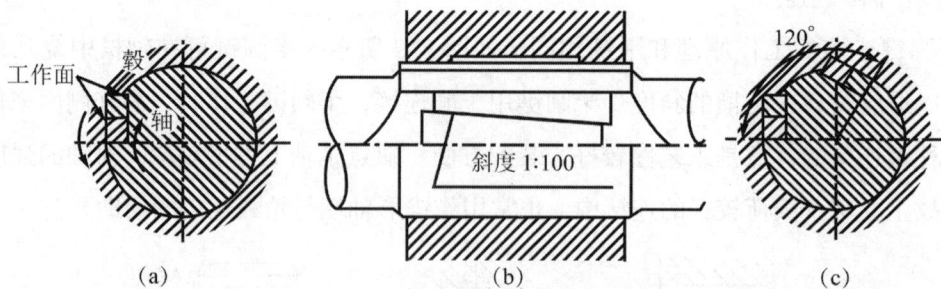

（a）传递单向转矩；（b）切向键连接图；（c）传递双向转矩

图 3-9　切向键连接

3. 花键连接

花键连接由具有多个沿周向均布的凸齿外花键和对应有凹槽的内花键组成，如图 3-10

所示，依靠轴和毂上纵向齿的互压传递转矩。它既可用于静连接，也可用于动连接。花键连接的优点很多，因此，在实际中得到了广泛应用。但不足在于因其结构，须用专门的刀具和设备进行加工，成本较高。

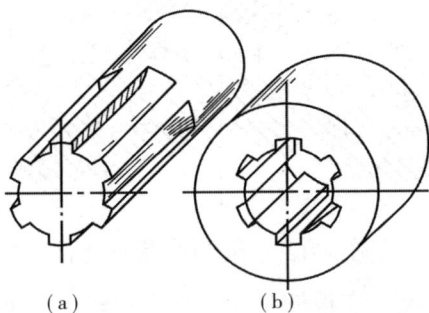

（a）外花键；（b）内花键

图 3-10　花键连接

（1）矩形花键

矩形花键连接以内径定心，按齿高不同分成轻系列和中系列这两个系列，分别适用于载荷较轻和中等的场合。

矩形花键的基本尺寸包括键数 N（一般为偶数，常用范围 4 ~ 20）、小径 d（花键配合时的最小直径）、大径 D（花键配合时的最大直径）及键宽 B 等，如图 3-11 所示。

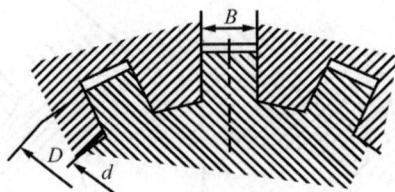

图 3-11　矩形花键连接

现在还有按旧标准生产的矩形花键连接是以外径定心和以侧面定心的，如图 3-12 所示，不能保证轴线的精确定心。

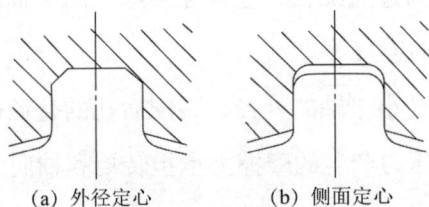

（a）外径定心　　　　　（b）侧面定心

图 3-12　矩形花键连接

（2）渐开线花键

渐开线花键的齿廓是渐开线，如图 3-13 所示，分度圆压力角为 30°，齿高 $0.5m$，m

为模数，d_i 为渐开线花键的分度圆直径。在国标规定中，渐开线花键采用齿形定心方式。当传递载荷时花键齿上的径向力能够起到自动定心作用，有利于各齿均匀受力。

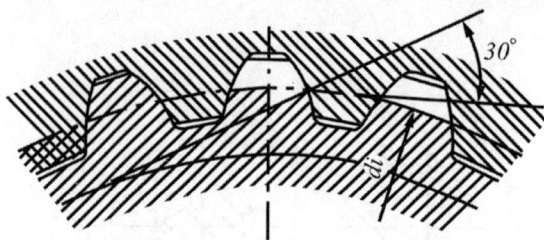

图 3-13　渐开线花键连接

渐开线花键与矩形花键比，齿根较厚，应力集中较小，承载能力大，使用寿命长，定心精度高。它的制造加工工艺和齿轮的制造加工完全相同，并且拉削的工艺成本高，宜用于载荷和尺寸较大的连接。

（3）三角形花键

三角形花键其齿廓也是渐开线，分度圆压力角为 45°，如图 3-14 所示。齿高为 $0.4m$，m 为模数，d_i 为三角形花键的分度圆直径。由于三角形花键齿细小而多，因此适用于轻载、小直径和薄壁零件的轴毂连接，也可用作锥形轴上的辅助连接。

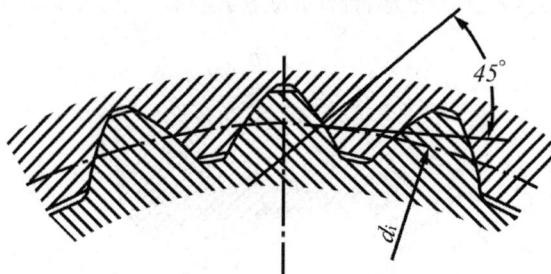

图 3-14　三角形花键连接

4. 过盈连接

过盈连接的轴与孔之间为过盈配合，过盈连接除可用于轴毂连接外，还可用于其他连接结构，如蜗轮轮缘与轮毂的连接等。

过盈连接装配前孔的内径小于轴的外径，装配后孔的直径被撑紧变大，轴的直径被挤压变小，工作中依靠由径向压力产生的摩擦力承担转矩和轴向力。过盈连接结构简单，对中性好，承载能力高，不需要附加其他零件就可以实现轴和轮毂的轴向与周向固定，在振动条件下能够可靠工作；但对配合面的加工精度要求很高，承载能力和装配产生的应力对实际过盈量很敏感，装配较麻烦，拆卸更困难。

5. 销连接

销连接（图 3-15）是指用销将两个零件连接在一起。销连接的作用主要体现在三个方面：用于固定零件之间的相对位置；用于轴毂或其他零件的连接，以传递不大的载荷；用于安全装置中的过载剪断元件，以保护其他重要零件免受破坏。

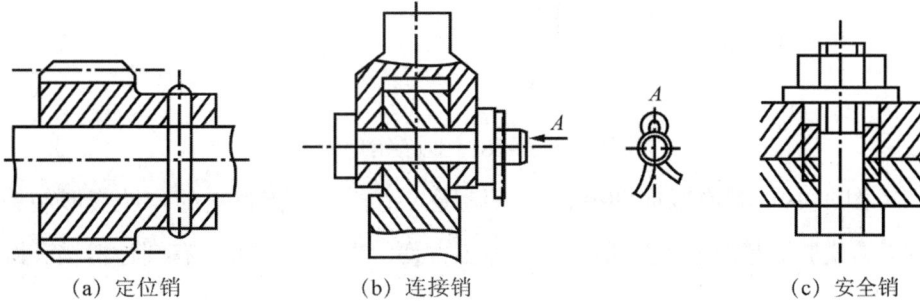

（a）定位销　　　　　（b）连接销　　　　　（c）安全销

图 3-15　销连接

圆柱销靠过盈配合固定在销孔中，如图 3-16 所示。多次装拆会降低连接的可靠性和定位的精确性。圆柱销又分为普通圆柱销、内螺纹圆柱销、外螺纹圆柱销和弹性圆柱销。

图 3-16　圆柱销

圆锥销有 $1:50$ 的锥度。圆锥销在受到横向力时可自锁，主要是靠锥面挤压作用固定在销孔中，便于安装，可以自锁，定位精度高，多次装拆对定位精确性和可靠性影响不大，如图 3-17 所示。为确保销安装后不松脱，圆锥销的尾端可制成开口，如图 3-18（b）所示，称为开尾圆锥销。它适用于有冲击、振动的场合。另外，为便于销的拆卸，也可制成内螺纹圆锥销，如图 3-18（c）所示，或外螺纹圆锥销，如图 3-18（d）所示。

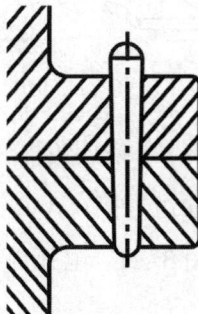

图 3-17　圆锥销

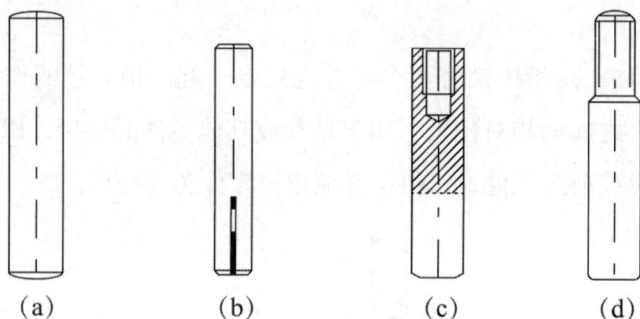

图 3-18　圆锥销

槽销（图 3-19）开有纵向凹槽，在槽销压入销孔后，借材料的弹性变形使销挤紧在销孔中而不易松脱。槽销孔不需要铰制，加工方便，可多次装拆，有圆柱槽销和圆锥槽销两种。

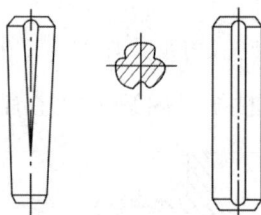

图 3-19　槽销

开口销（图 3-20）是一种防松零件，用于锁紧其他紧固件。装配时，将尾部掰开，防止其脱出，一般与销轴、六角开槽螺母配套使用。

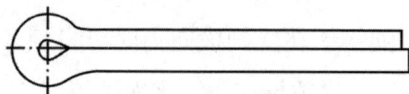

图 3-20　开口销

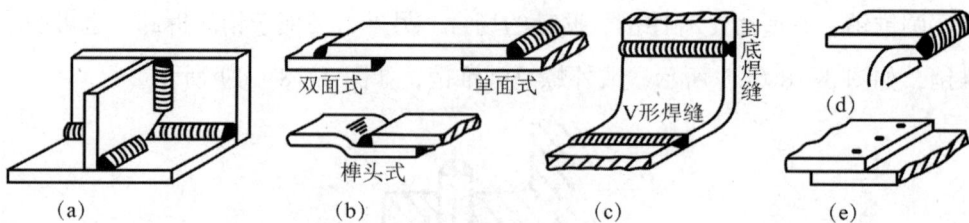

（a）正接角焊缝；（b）搭接角焊缝；（c）对接焊接；

（d）卷边焊接；（e）塞焊接

图 3-21　电弧焊缝形式

6. 焊接

利用局部加热或加压使两个或两个以上的金属件（被连接件）在连接处形成原子或分

子间的结合而构成的不可拆连接称为焊连接，简称焊接。

焊件经焊接后形成的结合部分称为焊缝。电弧焊缝常用的形式如图 3-21 所示。

焊接用于金属结构、容器、壳体的制造，可以代替铆接；在机械零件制造中，特别是小批量生产，用焊接毛坯代替铸、锻件毛坯，可以降低成本、减小质量、缩短生产周期、改善工艺性；制造巨型或形状复杂的零件时，用分开制造再焊接的方法代替整体铸、锻加工，解决加工设备工作能力不足的困难，简化工艺，降低成本。图 3-22 所示为用焊接方法制成的减速器箱体，图 3-23 所示为用焊接方法制成的齿轮毛坯。

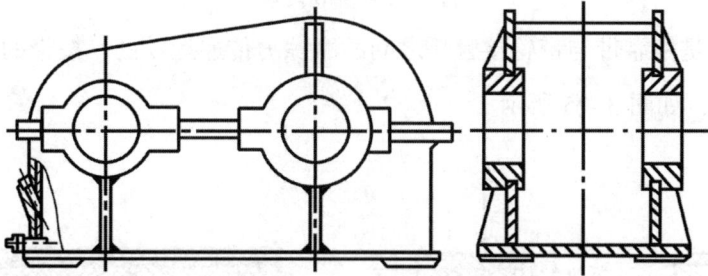

图 3-22　焊接减速器箱体

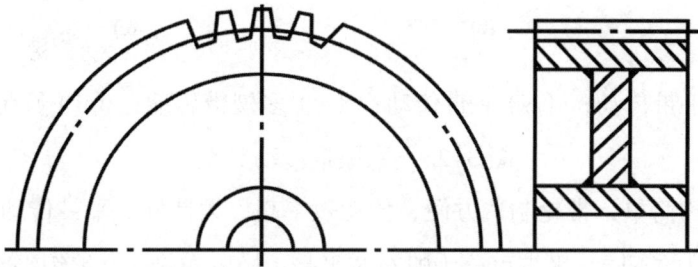

图 3-23　焊接齿轮毛坯

（二）常见传动

传动装置是置于原动机与工作机之间，把原动机的运动参数、运动形式和动力参数变换为工作机所需的运动参数、运动形式和动力参数的装置。所以传动装置是大多数机器中不可缺少的主要组成部分。

常用机械传动的类型有带传动、链传动、齿轮传动、蜗轮蜗杆传动、螺旋传动。

1.带传动

如图 3-24 所示，带传动是两个或多个带轮之间用带作为挠性拉曳元件的传动，它是由主动轮（1）、从动轮（2）和带（3）三部分构成。当原动机驱动主动轮转动时，由于带和带轮之间的摩擦（或啮合）力，拖动从动轮转动，从而传递运动和动力。

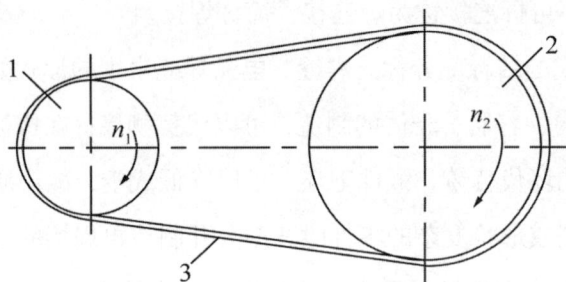

1—小皮带轮；2—大皮带轮；3—皮带

图 3-24　带传动

摩擦带传动是依靠带与带轮接触弧之间的摩擦力传递运动的。按带的横截面形状不同可分为四种类型，如图 3-25 所示。

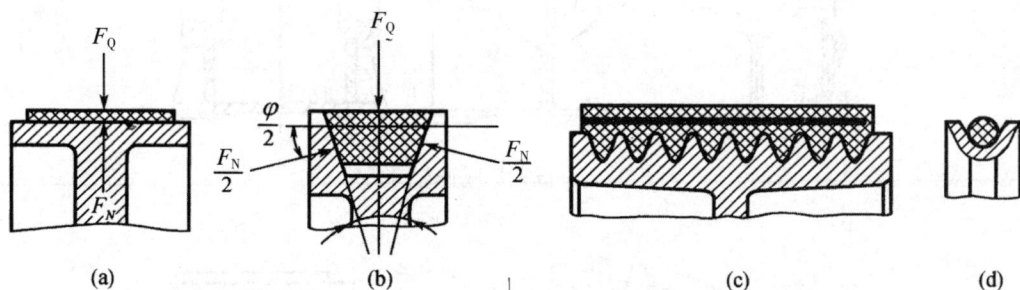

（a）平带传动；（b）V 带传动；（c）多楔带传动；（d）圆带传动

图 3-25　摩擦带传动类型

平带传动结构简单，带轮制造方便，传动效率高，柔性好。平带传动适用于大中心距的场合。根据材料的不同，平带可分为帆布芯平带（橡胶布带）、编织平带、皮革平带等。帆布芯平带成卷供应，按需要截取长度，然后用接头连接成环形。

V 带传动适用于中心距较小、传动比较大及结构要求紧凑的场合。

多楔带的横截面形状为多楔形。多楔带可避免多根 V 带传动时由于各条 V 带长度误差造成的各带受力不均匀的问题。多楔带适用于结构紧凑、传递功率较大的场合。

圆带的横截面呈圆形，传递的摩擦力较小。圆带结构简单，其材料多为皮革、棉、麻及锦纶等。

2. 链传动

链传动是一种应用较为广泛的机械传动，它的特点介于齿轮传动和皮带传动之间。它是由链条和主、从动链轮所组成，如图 3-26 所示。链传动是在两个或多于两个链轮之间用链作为挠性拉曳元件的一种啮合传动，如图 3-27 所示。

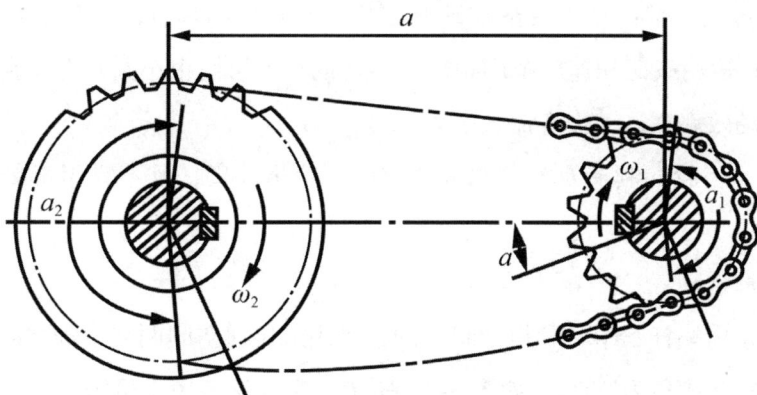

图 3-26　链传动

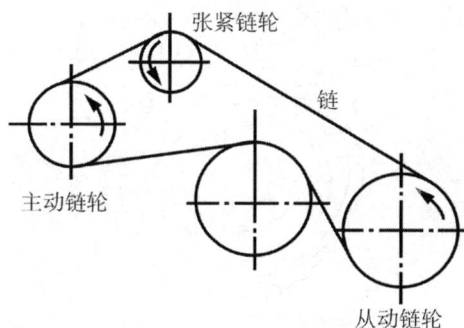

图 3-27　链传动的形式

　　链的种类繁多，按用途来分，链可分为三类：传动链、输送链、起重链。在一般机械传动装置中，通常应用的是传动链。根据结构的不同，传动链又可分为套筒链、套筒滚子链（简称滚子链）、齿形链等多种，如图 3-28 所示。滚子链的应用最为广泛。

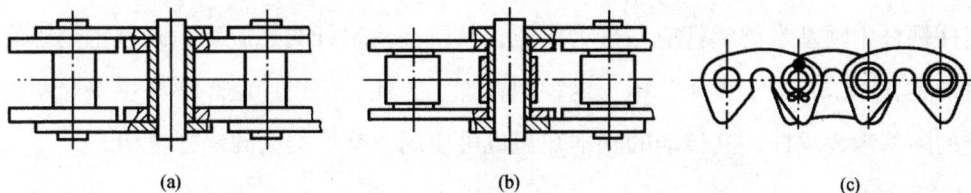

（a）套筒链；　（b）滚子链；　（c）齿形链

图 3-28　传动链的类型

3. 齿轮传动

　　齿轮传动形式很多，应用广泛，传递的功率可以达到 105kW，圆周速度可达 200m/s，齿轮的直径能做到 10m 以上，单级传动比可达 8 或更大。常见的齿轮传动应用场合包括家用电器的机械定时器、汽车变速箱和差速器、机床主轴箱以及用于各种物料输送机械的齿轮减速器等。

与摩擦轮传动、带传动以及链传动等相比，齿轮传动具有以下优点：瞬时传动比恒定；结构紧凑；适用载荷和速度范围很广，传递的功率可由很小到几万千瓦，圆周速度可达 150m/s；传动效率高，工作寿命长。

不足之处是齿轮的制造及安装精度要求高，价格较贵，且不宜用于传动距离过大的场合。

4. 蜗轮蜗杆传动

蜗杆机构是由蜗杆、蜗轮和机架组成的，是用来传递空间两交错轴之间运动和动力的传动机构，通常交错角为 90°，如图 3-29 所示。它广泛应用于机床、汽车、仪器、起重运输、冶金等多种机器和机械设备的传动系统中。

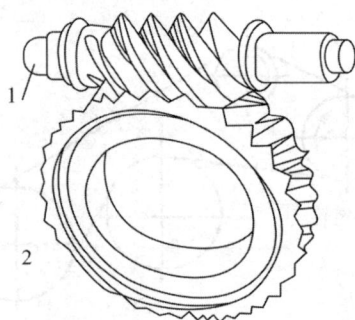

1—蜗杆；2—蜗轮

图 3-29　蜗轮蜗杆机构

同螺杆一样，蜗杆也有左旋、右旋及单头、多头之分。工程上多采用右旋蜗杆。除此之外，根据蜗杆的形状不同，蜗杆机构可分为圆柱蜗杆机构、环面蜗杆机构和锥面蜗杆机构，如图 3-30 所示。圆柱蜗杆传动包括普通圆柱蜗杆传动和圆弧圆柱蜗杆传动两类。在普通圆柱蜗杆中阿基米德蜗杆应用最为广泛，从端面看蜗杆的螺旋线为阿基米德螺旋线，轴面齿形是直线，相当于齿条。由于这种蜗杆加工方便，应用广泛，本节主要介绍应用最为广泛的阿基米德蜗杆，其传动的基本知识也可应用于其他类型的蜗杆机构。

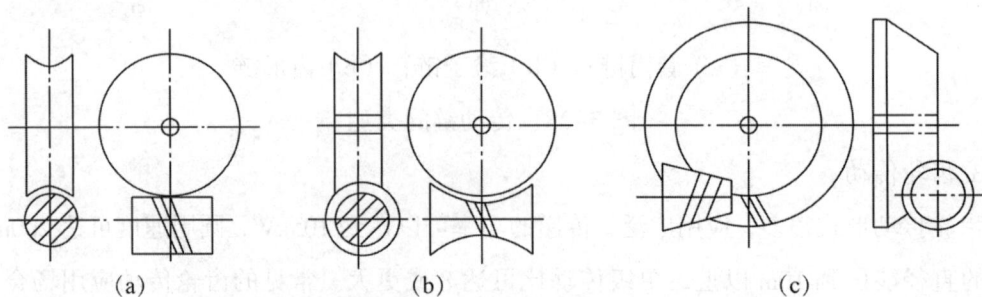

（a）圆柱蜗杆机构；　（b）环面蜗杆机构；　（c）锥面蜗杆机构

图 3-30　蜗杆机构类型

5. 螺旋传动

螺旋传动由螺杆和螺母组成，主要用于将旋转运动变换为直线运动，也可以把直线运动变换为旋转运动。

螺旋传动按其用途可以分为三种类型：

①传力螺旋。以传递动力为主，一般要求用较小的力矩转动螺杆（或螺母）产生轴向运动和较大的轴向推力。传力螺旋多用在工作时间较短、速度较低的场合，通常需要有自锁功能，如千斤顶、压力机等设备中都使用了传力螺旋。

②传导螺旋。以传递运动为主，要求具有较高的传动精度，速度较高且能较长时间连续工作，如机床的进给机构。

③调整螺旋。用于调整并固定零部件之间的相对位置，如螺旋测微仪中的螺旋。

（三）轴系零部件

1. 轴

轴是组成机器的重要零件之一，它的主要功用是：支承轴上零件，并使其具有确定的工作位置；传递运动和动力。

根据轴的承载情况不同，轴可以分为心轴（工作时只承受弯矩不传递转矩）、转轴（工作时既承受弯矩又传递转矩）和传动轴（工作时主要传递转矩，不承受弯矩或弯矩很小）三类。

根据轴线的形状，轴又可以分为直轴、曲轴和挠性钢丝轴。直轴按其外形不同，可分为光轴和阶梯轴两种类型。光轴形状简单，加工容易，应力集中源少，但轴上的零件不易装配和定位；阶梯轴的各轴段外径不同，便于轴上零件的装拆、定位与紧固，在机器中应用广泛。

2. 轴承

轴承是机器中用来支承轴的一种重要零件，其功用是支承轴及轴上零件，并保持轴的旋转精度，同时减小转动的轴与轴承之间的摩擦和磨损。按轴承工作时的摩擦性质，分为滑动轴承和滚动轴承两类。

（1）滑动轴承

滑动轴承工作时的摩擦性质为滑动摩擦。按承受载荷的不同，可分为径向滑动轴承、推力滑动轴承和径向止推滑动轴承。根据轴承工作时轴颈和轴瓦间的润滑状态不同分为液体润滑滑动轴承、不完全液体润滑滑动轴承和无润滑滑动轴承。根据液体润滑承载机理的不同，又可分为液体动力润滑轴承和液体静压润滑轴承。滑动轴承的结构主要有整体式和剖分式。

轴瓦是轴承中直接和轴颈接触的零件，其主要的失效形式是磨损和胶合（黏着磨损）。其他常见的失效形式还有压溃、刮伤、疲劳点蚀、腐蚀和由于工艺出现的轴承衬脱落等。

轴瓦常用材料有轴承合金（又称白合金、巴氏合金）、青铜、铝合金、灰铸铁及耐磨铸铁等。

（2）滚动轴承

滚动轴承工作时的摩擦性质为滚动摩擦，具有摩擦阻力小、启动快、效率高、润滑和维护方便、易于互换、运转精度高、轴承组合结构简单等优点，故在中速、中载和一般工作条件下运转的机器中得到广泛应用。

滚动轴承的基本结构由内圈、外圈、滚动体和保持架组成。

滚动轴承按滚动体的形状可分为球轴承和滚子轴承。滚动轴承为标准件。

3. 联轴器和离合器

（1）联轴器

联轴器是机械传动中的一种常用轴系零部件，它的基本功用是连接两轴并传递运动和转矩。

联轴器的类型较多，通常按照组成中是否具有弹性变形元件划分为刚性联轴器和弹性联轴器两大类。

常用刚性固定式联轴器中应用较多的有套筒式、夹壳式和凸缘式等结构类型；常用的刚性可移式联轴器有滑块联轴器、齿式联轴器、万向联轴器。

常用的弹性联轴器有弹性套柱销联轴器、弹性柱销联轴器、梅花形弹性联轴器，它们都已标准化，可供设计时选用。

（2）离合器

离合器是一种常用的轴系部件，是可以实现机器工作时使两轴随时接合或分离的装置。

离合器种类较多，根据实现离合动作的方式不同，分为操纵离合器和自动离合器两大类。无论操纵离合器还是自动离合器，在结构上都离不开接合元件。按照接合元件的工作原理，其类型有嵌合式和摩擦式两种。

常用的操纵离合器有操纵式牙嵌离合器、操纵式圆盘摩擦离合器等；常用的自动离合器有超越离合器、安全离合器等。

第二节　带传动实验与啮合传动实验

一、带传动滑动和效率的测定

带传动是靠带与带轮间的摩擦力来传递运动和动力的，在传递转矩时传动带在紧边和松边处受到不同的拉力。由于传动带是弹性体，紧边拉力大、弹性伸长变形量相应也大。当传动带绕过主动轮时，带所受拉力由紧边拉力降低为松边拉力，弹性伸长量随之减小，带随带轮运动时微微收缩，带的速度逐渐落后于带轮，带与带轮之间发生相对滑动。而当带轮绕过从动轮时，所受拉力由松边拉力提高为紧边拉力，弹性伸长量又随之增大，带微微向前伸长，带与带轮间也发生相对滑动。由于带的弹性变形而引起的带与带轮间的滑动称为弹性滑动。这种弹性滑动是不可避免的，其结果是使从动轮的圆周速度低于主动轮的圆周速度，使传动比不准确，并引起带传动效率的降低。

带传动滑动的大小用滑动率（或称滑动系数）ε 表示，其表达式为

$$\varepsilon = \frac{v_1 - v_2}{v_1} = \left(1 - \frac{D_2 n_2}{D_1 n_1}\right) \times 100\%$$

（3-1）

式中：v_1，v_2 —分别为主动轮、从动轮的圆周速度，m/s；

n_1，n_2 —分别为主动轮、从动轮的转速，r/min。

D_1，D_2 —分别为主动轮、从动轮的直径，mm，本实验取 $D_1 = D_2$。

带传动的滑动随有效拉力（有效圆周力）F 的增减而增减，表示这种关系的 ε—F 曲线称为滑动曲线。当有效拉力 F 小于临界力 F' 时，滑动率 ε 与有效拉力呈线性关系，带处于弹性滑动工作状态；当有效拉力 F 超过 F' 以后，滑动率 ε 迅速上升，此时带处于弹性滑动与打滑同时存在的工作状态；当有效拉力等于 F_{max} 时，滑动率近于直线上升，带处于完全打滑的工作状态。带传动的效率曲线，即表示带传动效率 η 与有效拉力 F 之间关系的 η—F 曲线。当有效拉力增加时，传动效率逐渐提高；当有效拉力超过 F' 点以后，传动效率迅速下降。

带传动最合理的工作状态应使有效拉力 F 等于或稍低于临界点 F'，这时带传动的效率最高，滑动系数 ε =1%~2%，并且还有余力负担短时间（如启动）的过载。

（一）实验目的

1. 观察、验证带传动的弹性滑动和打滑现象。

2. 建立带传动效率的定量概念，了解外载荷对传动效率的影响。

3. 了解带传动实验台的工作原理和相关仪表。[①]

（二）实验设备及原理

一般带传动实验台是由主体部分、张紧装置、控制系统、转矩和转速测量装置等几部分组成，如图 3-31 所示（各种型号实验台的工作原理基本相同）。

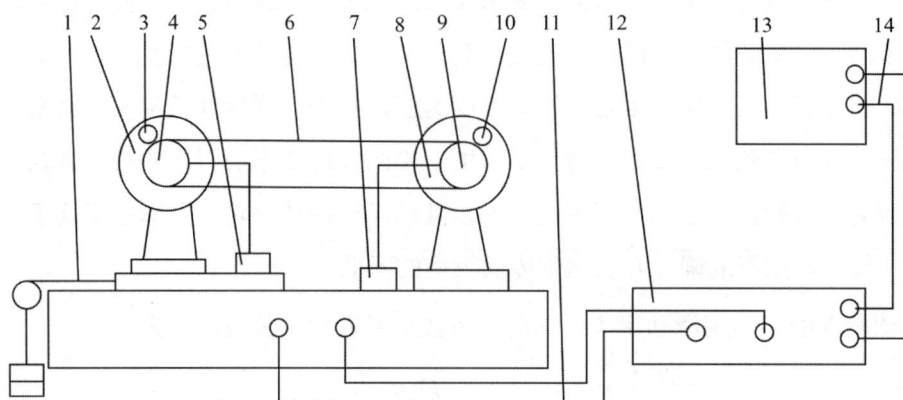

图 3-31　带传动实验台结构简图

1—皮带预紧装置；2—主动带轮；3—测速传感器；

4—直流电动机；5—测矩传感器；6—皮带；7—测矩传感器；

8—从动轮；9—直流发电机；10—测速传感器；11—连接电缆（2 根）；

12—电气控制箱；13—负载箱；14—连接导线（2 根）

1. 实验设备的组成部分

（1）主动部分和从动部分

主动部分包括：355 W 直流电动机 4、其主轴上的主动带轮 2、皮带预紧装置 1、直流电机测速传感器 3 及电动机测矩传感器 5。电动机安装在可左右直线滑动的平台上，平台与带预紧力装置相连，改变砝码的质量，就可改变传动带的预紧力。

从动部分包括：355 W 直流发电机 9、其主轴上的从动轮 8、直流发电机测速传感器 10 及直流发电机测矩传感器 7。发电机发出的电量，经连接电缆送进电气控制箱 12，再经连接导线 14 与负载连接。

① 金秀慧，孙如军. 能源与动力工程专业课程实验指导书 [M]. 北京：冶金工业出版社，2017.

（2）负载箱

由七个并联的负载电阻组成，改变负载箱上的开关，可改变负载。

（3）电气控制箱

实验台所有的控制、测试均由电气控制箱12，再来完成旋动设在面板上的调速旋钮，可改变主动轮和被动轮的转数，并由面板上的转速计数器直接显示。直流电动机和直流发电机的转动力矩也分别由设在面板上的计数器显示出。

2. 实验台的工作原理

传动带装在主动轮和从动轮上，直流电动机和发电机均由一对滚动轴承支承，而使电机的定子可绕轴线摆动，从而通过测矩系统直接测出主动轮和从动轮的转矩。主动轮和从动轮的转速是通过调速旋钮来调控的，并通过测速装置直接显示出来。

这样就可以得到相应工况下的一组实验结果：

带传动的滑动系数为

$$\varepsilon = \frac{n_1 - in_2}{n_1} \times 100\% \tag{3-2}$$

式中：i 为传动比，由于实验台的带轮直径 $D_1 = D_2 = 125\mathrm{mm}$，所以取 $i=1$。因此

$$\varepsilon = \frac{n_1 - n_2}{n_1} \times 100\% \tag{3-3}$$

带传动的传动效率为

$$\eta = \frac{P_2}{P_1} = \frac{T_2 n_2}{T_1 n_1} \times 100\% \tag{3-4}$$

式中：P_1、P_2 分别为主动轮、从动轮的功率，kW。

随着发电机负载的改变，T_1 和 T_2、n_1 和 n_2 值也将随之改变。这样，可以获得几个工况下的 ε 和 η 值，由此可以绘出这套带传动的滑动曲线和效率曲线。

增加带的预紧力 F_0 又可以得到不同预紧力下的一组测试数据。

（三）实验内容及步骤

实验内容：

1. 测试带传动的滑动率 ε 和传动效率 η，绘制 $\varepsilon - T_2$ 滑动曲线和 $\eta - T_1$ 效率曲线，并分析两曲线之间的关系。

2. 掌握张紧力 T_1、转矩 (T_1, T_2)、转速 (n_1, n_2) 的测试方法，并分析其对滑动率和传动效率的影响。

3. 了解带传动实验台的结构原理，画出实验台结构简图。

具体步骤如下：

1. 实验台应安装在水平平台上。

2. 为了安全，请务必接好地线。

3. 接通电源前，先将实验台的电源开关置于"关"的位置。

4. 将传动带套到主动带轮和从动带轮上，轻轻向左拉移电动机，并在预紧装置的砝码盘上加适当重量的砝码（要考虑摩擦力的影响）。

5. 检查负载开关，使它们都处于断开状态。

6. 检查控制面板上的调速旋钮，应将其逆时针旋转到底，即置于电动机转速为零的位置。

7. 接通实验台电源（单相 220 V），将实验台粗调速旋钮逆时针旋到最低，细调电位器也逆时针旋到最低。打开电源开关，按"清零"键，几秒钟后，数码管显示"0"，自动校零完成。

8. 顺时针方向慢慢旋转调速旋钮，使电动机转速由低到高，直到电动机的转速显示为 $n \approx 1200 \text{r/min}$ 为止（同时显示出 n_2），此时，转矩显示器也同时显示出两电机的工作扭矩 T_1 和 T_2。记录下测试结果 n_1 和 n_2、T_1 和 T_2。

9. 按下负载开关 1 个，使发电机增加 1 个负载，待工况稳定后（一般需要 2~3 个显示周期），再测试并记录这一工况下的 n_1 和 n_2、T_1 和 T_2。再增加 1 个负载，记录下这一工况下的 n_1 和 n_2、T_1 和 T_2。

10. 继续逐级增加负载，重复上述实验，直至实验机构面板上的 8 个发光管指示灯全亮为止。此时，实验台面板上四组数码管将全部显示"8888"，按"送数"键把数据送至计算机。

11. 增加皮带预紧力（增加砝码重量），再重复以上实验，经比较实验结果可发现，带传动的功率提高，滑动系数降低。

12. 实验结束后，将调速旋钮逆时针方向旋转到底，再关掉电源开关，然后切断电源，取下带预紧砝码。

13. 整理实验数据，写实验报告。实验数据记入表 3-1。

表 3-1 实验数据记录表

$F_0 = N$

序号	n_1 /（r/min）	n_2 /（r/min）	ε /%	T_1 /（kgf·m）	T_2 /（kgf·m）	η /%
1						
2						
3						
4						
5						
6						
7						
8						
9						
10						

分别按式（3-3）和式（3-4）计算滑动系数 ε 和传动效率 η，绘制滑动系数 ε 和传动效率 η 曲线。

随着负载的改变，(T_1, T_2)，(n_1, n_2) 值都在改变，用改变负载的方法可获得一系列的 (T_1, T_2)，n_1，n_2 值，通过计算又可获得一系列的 ε 和 η 值，用这一系列数值可绘出滑动曲线和效率曲线。

14. 实验完毕后，整理好场地，将设备恢复原位。

二、齿轮传动效率测试实验

（一）实验目的

1. 了解封闭功率流式齿轮实验台的基本原理、特点及测定齿轮传动效率的方法。

2. 通过改变载荷，测出不同载荷下的传动效率和功率。输出转矩 T_1 及 η—T_9。曲线。其中 T_1 为轮系输入转矩（电机输出转矩）；T_9 为封闭转矩（载荷转矩）；η 为齿轮传动效率。

（二）实验设备及原理

1. 实验系统的组成

如图 3-32 所示，实验系统由如下设备组成：

（1）CLS–Ⅱ型齿轮传动实验台；

（2）CLS–Ⅱ型齿轮传动实验仪；

（3）微计算机；

（4）打印机。

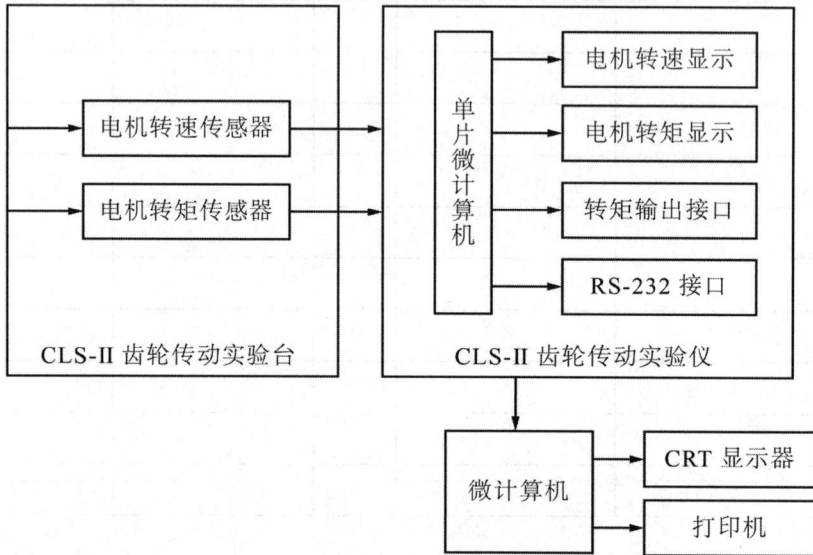

图 3-32 实验系统的组成

2．实验机构的主要技术参数

（1）实验齿轮模数 $m=2$ ；

（2）齿数 $z_4 = z_3 = z_2 = z_1 = 38$；

（3）速比 $i=1$ ；

（4）直流电机额定功率 P=300w；

（5）直流电机转速 N=0 ~ 1100r/min；

（6）最大封闭转矩 TB=15N·m；

（7）最大封闭功率 P_B =1.5kW。

3．实验台结构

实验台的结构如图 3-33（a）所示，定轴齿轮系、悬挂齿轮箱、扭力轴、双万向联轴器等组成了一个封闭的机械系统。

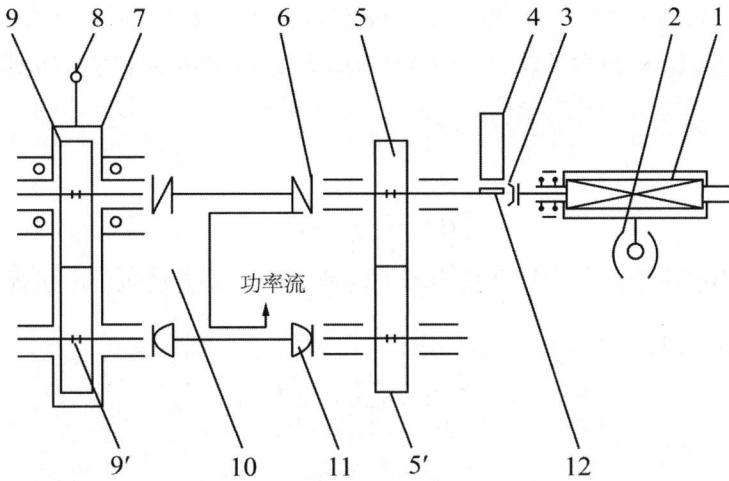

（a） 实验台的结构

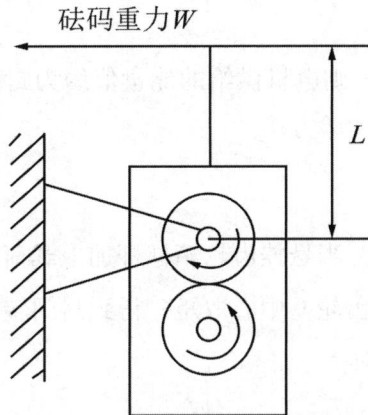

（b） 封闭功率流方向的确定

1—悬挂电机；2—转矩传感器；3—浮动联轴器；4—霍尔传感器；5—定轴齿轮箱；

6—刚性联轴器；7—悬挂齿轮箱；8—砝码；9—悬挂齿轮副；10—扭力轴；

11—万向联轴器；12—永久磁铁

图 3-33 CLS-Ⅱ型齿轮传动实验台的结构及封闭功率流方向的确定

4. 效率计算

（1）封闭功率流方向的确定

由图 3-33（b）可知，实验台空载时，悬臂齿轮箱的杠杆通常处于水平位置，当加上一定的载荷之后（通常加载砝码是 0.5 kg 以上），悬臂齿轮箱会产生一定角度的翻转，这时扭力轴将有一个力矩 T_9 作用于齿轮 9（其方向为顺时针），万向联轴器轴也有一个力矩 T_9' 作用于齿轮 9'（其方向也为顺时针，如忽略摩擦，$T_9' = T_9$）。当电机顺时针方向以角

速度 ω 转动时，T_9 与 ω 的方向相同，T_9' 与 ω 方向相反，故这时齿轮 9 为主动轮，齿轮 9' 为从动轮，同理齿轮 5' 为主动轮，齿轮 5 为从动轮，封闭功率流方向如图 3-33（a）所示，功率的大小为

$$Pa = \frac{T_9 N_9}{9550} = P_9'（\text{kW}）$$

功率的大小取决于加载力矩和扭力轴的转速，而不是电动机。电机提供的仅为封闭传动中的损耗功率，即 $P_1 = P_9 - P_9 \eta_总$，故

$$\eta_总 = \frac{P_9 - P_1}{P_9} \times 100\% = \frac{T_9 - T_1}{T_9} \times 100\%$$

单对齿轮

$$\eta = \sqrt{\frac{T_9 - T_1}{T_9}} \times 100\%$$

η 为总效率，若 $\eta = 95\%$，则电机供给的能量值约为封闭功率值的 1/10，由此可知，该实验方法是一种节能高效的实验方法。

（2）封闭力矩 T_9 的确定

由图 3-33（b）可以看出，当悬挂齿轮箱杠杆加上载荷后，齿轮 9、齿轮 9' 就会产生转矩，其方向都是顺时针，对齿轮 9 中心取矩，得到封闭转矩 T_9（本实验台 T_9 是所加载荷产生转矩的一半），即

$$T_9 = \frac{WL}{2}（\text{N·m}）$$

式中：W—所加砝码重力（N）；

L—加载杠杆长度，$L=0.3$ m。

平均效率（本实验台电机为顺时针）

$$\eta = \sqrt{\eta_总} \times 100\% = \sqrt{\frac{T_9 - T_1}{T_9}} \times 100\% = \sqrt{\frac{\frac{WL}{2} - T_1}{\frac{WL}{2}}} \times 100\%$$

式中：T_1—电动机输出转矩（电测箱输出转矩显示值）。

5. 齿轮传动实验仪

实验仪正面面板布置及背面面板布置分别如图 3-34 和图 3-35 所示。

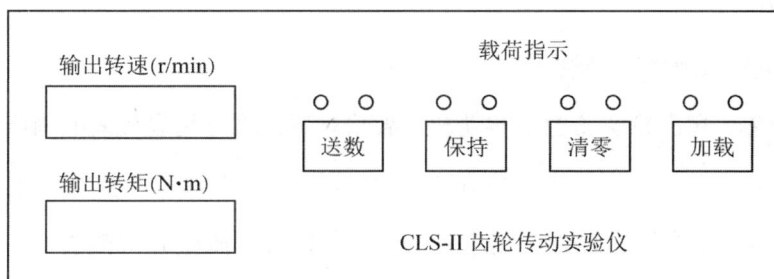

图 3-34　面板布置图

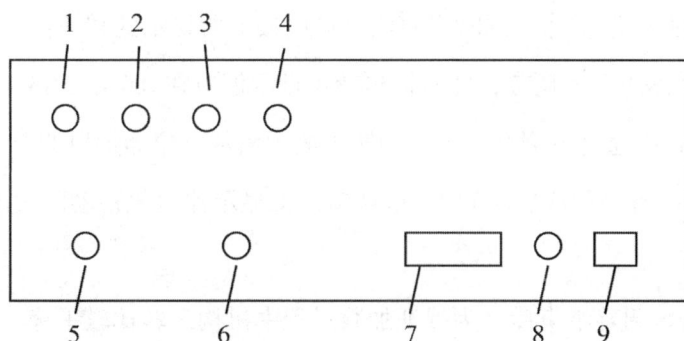

1—调零电位器；2—转矩放大倍数电位器；3—力矩输出接口；4—接地端子；
5—转速输入接口；6—转矩输入接口；7—RS-232 接口；8—电源开关；9—电源插座

图 3-35　电测箱后板布置图

如图 3-34 所示，实验仪操作部分主要集中在仪器正面的面板上。如图 3-35 所示，在实验仪的背面备有微机 RS-232 接口，转矩、转速输入接口等。

实验仪箱体内附设有单片机，承担检测、数据处理、信息记忆、自动数字显示及传送等功能。若通过串行接口与计算机相连，就可由计算机对所采集数据进行自动分析处理，并能显示及打印齿轮传递效率 $\eta - T_9$ 曲线及 $T_1 - T_9$ 曲线和全部相关数据。

（三）实验内容及步骤

1. 人工记录操作方法

（1）系统连接及接通电源

在接通齿轮实验台电源前，应首先将电机调速旋钮逆时针转至最低速——"0"位置，将传感器转矩信号输出线及转速信号输出线分别插入电测箱后板和实验台的相应接口上，然后按电源开关接通电源。打开实验仪后板上的电源开关，并按一下"清零"键，此时，输出转速显示为"0"，输出转矩显示为"."，实验系统处于"自动校零"状态。校零结束后，转矩显示为"0"。

（2）转矩零点及放大倍数调整

①零点调整。在齿轮实验台不转动及空载状态下，将万用表接入电测箱后板力矩输出接口3（图3-35）上，电压输出值应在1~1.5V范围内，否则应调整电测箱后板上的调零电位器（若电位器带有锁紧螺母，则应先松开锁紧螺母，调整后再锁紧）。零点调整完成后按一下"清零"键，转矩显示"0"表示调整结束。

②放大倍数调整。"调零"完成后，将实验台上的调速旋钮顺时针慢慢向高速方向旋转，这时电机启动并逐渐增速，同时观察电测箱面板上所显示的转速值。当电机转速达到1000r/min左右时，停止转速调节，此时输出转矩显示值应在0.6 ~ 0.8N·m之间（此值为出厂时标定值），否则通过电测箱后板上的转矩放大倍数电位器加以调节。调节电位器时，转速与转矩值的显示有一段滞后时间，一般调节后待显示器数值跳动两次即可达到稳定值。

（3）加载

调零及放大倍数调整结束后，为保证加载过程中机构运转比较平稳，降低噪声，建议先将电机转速调低。一般实验转速调到200~300r/min为宜。待实验台处于稳定空载运转后，在砝码吊篮上加上第一个砝码。观察输出转速及转矩值，待显示稳定后，按一下"加载"键，第一个加载指示灯亮，记录下该组数值，表示第一点加载结束。

在吊篮上加上第二个砝码，重复上述操作，直至加上八个砝码，八个加载指示灯亮，转速及转矩显示器分别显示"8888"表示实验结束。

根据所记录下的八组数据便可作出齿轮传动的传动效率η—T_2曲线及T_1—T_2曲线。注意，在加载过程中，应始终使电机转速保持在预定转速左右。在记录下各组数据后，应先将电机调速至零，然后再关闭实验台电源。

2. 关于封闭功率流齿轮传动封闭力矩T_2的计算公式

（1）一对外啮合齿轮的转矩关系

一对外啮合齿轮如图3-36所示，T_9'和T_9为外加转矩（作用于轴上）。其正确方向应为图3-37上所示的方向，因为这是力平衡所必需的。由图3-36可见，一对外啮合齿轮，其轴上的外加平衡转矩应是同方向的。

当轮齿啮合的齿侧面改为另一侧面时，如图3-37所示，两轴上转矩也改变方向，但结论仍然是两轮上的外加转矩必须是同方向的。

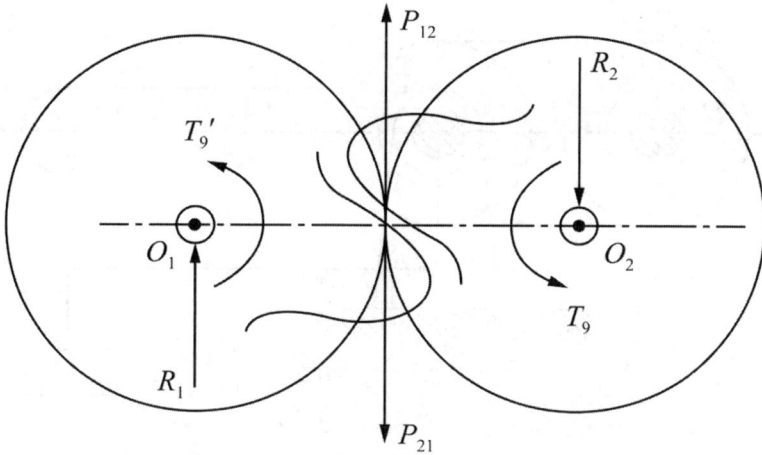

图 3-36 外啮合齿轮的转矩关系

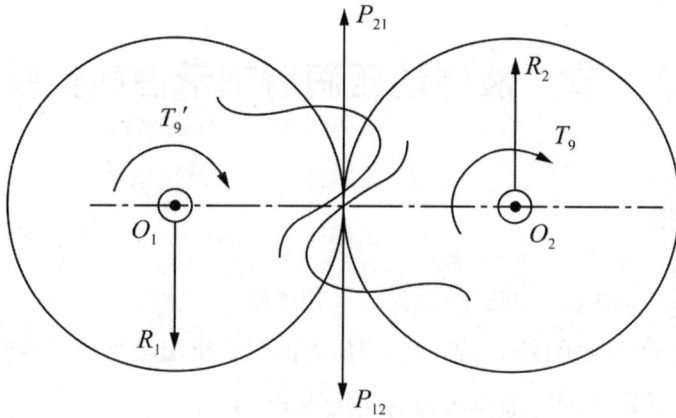

图 3-37 外啮合齿轮的转矩关系

当一对定轴外啮合齿轮转动时，其角速度 ω_1、ω_2 的方向肯定是相反的。因此 $T_9'\omega_1$、$T_9\omega_2$ 必然一正一负，这也正是我们一般所理解的一者做正功，另一者做负功。

（2）封闭实验台悬臂挂重的计量关系

如图 3-38 所示，取实验台的浮动齿轮箱为独立体，其上除了悬臂挂重 W 以外，两扭轴断割处作用有转矩 T_9' 和 T_9，由于本实验台传动比为 1，故 $T_9' = T_9 = T$。根据独立体的平衡原理，外力对 O_2 取矩，得

$$T_9' + T_9 = 2T = WL$$

$$T = \frac{WL}{2} = T_9$$

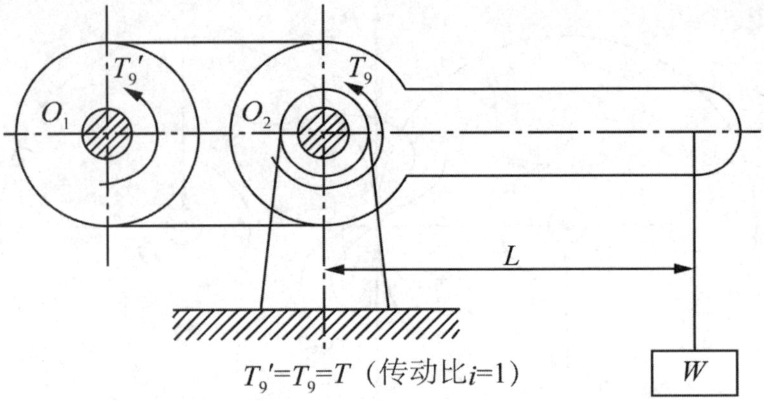

图 3-38　封闭实验台悬臂挂重的计量关系

第三节　液体动压润滑轴承性能实验

一、实验目的

1. 观察径向滑动轴承动压油膜的形成过程和现象。

2. 测定和绘制滑动轴承径向与轴向油膜压力曲线，求出轴承的承载能力。

3. 观察载荷和转速改变时油膜压力的变化情况。

4. 了解滑动轴承的摩擦系数 f 的测量方法和摩擦特性曲线的绘制方法。

5. 了解液体动压轴承实验台的结构原理及测试方法。

二、实验原理

液体动压滑动轴承是利用轴颈与轴承的相对运动，将润滑油带入楔形间隙形成动压油膜，并靠油膜的动压平衡外载荷。由于轴颈与轴承之间的配合有一定的间隙，静止时，在载荷作用下，轴颈在轴承孔中处于最下方的位置，形成楔形。当轴开始转动时，在摩擦力的作用下轴颈沿轴承内壁上爬，不时发生表面接触的摩擦。同时，由于油的黏性将油带入楔形间隙，随着轴转速的提高，被轴颈"泵"入间隙的油量随之增多，油膜中的压力逐渐形成。当轴达到足够高的转速时，润滑油在楔形间隙内形成液体动压效应。当油膜压力能平衡外载荷时，轴颈与轴承被油膜完全隔开。这时轴颈的中心处于偏心位置，轴颈与轴承之间处于完全液体摩擦润滑状态。因此，这种轴承摩擦小、寿命长，具有一定的吸振能力。

滑动轴承的摩擦系数 f 是重要的设计参数之一，它的大小随轴承的特性系数 $\lambda = \dfrac{\eta n}{p}$ 的改变而改变。其中，η 为油的动力黏度，Pa·s；n 为轴的转速，r/min；p 为轴承的压强（$p = \dfrac{F}{Bd}$）MPa；F 为轴上的载荷；B 为轴瓦的宽度；d 为轴的直径。

在边界摩擦时，f 随 λ 的增大而变化很小，进入混合摩擦后，λ 的改变引起 f 的急剧变化，在刚形成液体摩擦时 f 达到最小值，此后，随着 λ 的增大油膜厚度也随之增大，因而 f 也有所增大。

三、实验设备

HZS–1 型液体动压轴承实验台。

四、实验步骤

（一）油膜压力分布的测定

（1）先用卡板卡住测力杆，以免测力计损坏。

（2）启动油泵电机，使油泵工作。

（3）调节减压阀手柄，使实验轴承润滑油压力在 0.1MPa（1kgf/cm²）以下（本实验台压力表的单位为 kgf/cm²。以下在文字及公式中不再注明，请自行换算）。

（4）将变速手柄置于低速挡上（实验台上有指示标牌）。调节电机控制器旋钮，使转速在最低速位置。启动主电机，然后调节控制器旋钮，使指针读数在 100~200r/min，再将变速手柄置于高速挡上，逐步调高转速，使主轴转速达到约 1000r/min。

（5）调节溢流阀使加载供油压力达到 $p_0 = 0.4$MPa，此时载荷为

$$F = p_0(\text{MPa}) \times 6000(\text{mm}^2) + 80(\text{N}) \tag{3-5}$$

式中：80N 为轴承自重。

（6）观察 8 个压力表的读数，待各压力表指针稳定后，自左向右依次记下各压力表的读数。第 1 个到第 7 个压力表的读数用于作油膜周向压力分布图；第 4 个和第 7 个压力表的读数用于作油膜轴向压力分布图。

①绘制油膜周向压力分布图，并求出平均单位压力 P_m 值。

②绘制油膜轴向压力分布图。

③求实测 K 值。

轴承在长度方向的端泄对油膜压力的影响系数为

$$K = \frac{F}{p_m B d}$$

（3-6）

式中：F—载荷，N；

p_m—轴承中间剖面上平均单位压力，MPa；

B—轴承有效长度，mm；

d—轴承直径，mm。

一般认为油膜压力沿轴向近似为抛物线分布规律，其理论 K 值应接近 0.7，将所求 K 值与理论值进行分析比较。

（二）轴承摩擦特性曲线的测定

（1）将加载压力调至 p_0 =0.4MPa，此时载荷 F=2.480N。

（2）将转速调至 800 ~ 1000r/min。

（3）移开测力杆卡板，使测力杆可自由转动。将壳体上的固定螺钉松开，把拉力计吊钩接于测力杆端部的吊钩上。

（4）依次将主轴转速调至 800r/min、600r/min、400r/min、300r/min、200r/min 、100r/min、50r/min、20r/min（临界值附近的转速可根据具体情况选择）。在每种转速下，均在拉力计上读出相应的读数，并记录其数值。

（5）测量加载油腔的回油温度作为进油温度（$t_{进}$）的数值，列表计算各转速时的轴承特性值 λ 及摩擦系数 f、在坐标纸上作出轴承特性曲线。

摩擦系数 f 计算公式如下：

$$f = \frac{LG}{\frac{d}{2}F} = \frac{150G}{\frac{60}{2}F} = \frac{5G}{F}$$

（3-7）

式中：G—拉力计读数的换算值，N，G=0.009 8 G_0，G_0 为拉力计的读数；

L—测力杆的力臂（150mm）；

d—轴承内径（60mm）；

F—载荷，N。

特性值的计算公式：

$$\lambda = \frac{\eta n}{p}$$

式中：η—润滑油绝对黏度，Pa·s，其值可根据实测进油温度，$t_{进}$由进油温度与平均温度的关系曲线（10号机油）查出轴承的近似平均温度t_m，再根据t_m由10号机油的油温和黏度曲线查得η值；

n—转速，r/min；

p—轴承比压，MPa。

（6）改变载荷，将加载油腔的供油压力调到0.2 MPa，重复步骤（2）~（5），将所测得的$f—\lambda$曲线与第一次实验的曲线相比较（两次作出的实验曲线应基本重合）以证明摩擦系数仅与λ有关。

（三）注意事项

（1）启动实验台时必须先开油泵，然后低速启动主轴，再逐渐加大转速。不可将变速手柄放在高速挡启动，以免启动力矩过大。

（2）拉力计吊钩不可一直钩在测力杆的吊钩上，只有测摩擦力矩时才相连，以免损坏拉力计，影响精度。

（3）在混合摩擦区的工作时间应尽量短，以避免轴承磨损。

（4）轴承供油压力不得超过0.1 MPa。

（四）实验报告内容

（1）实验目的。

（2）轴承简图及主要参数。

①主要参数。

a. 型号。

轴颈直径 $d=$_____mm；

轴承宽度 $B=$_____mm；

测力杆力臂长度 $L=$_____mm。

b. 轴瓦材料。

c. 轴颈材料。

d. 润滑油牌号。

E. 润滑油黏度$\eta=$_____Pa·s

F. 初始载荷（或轴瓦、压力计与自重）$G_0=$_____N。

②绘制轴承简图。

第四节　机械传动性能综合测试实验

机械传动包括：①啮合传动，如齿轮传动、蜗杆传动、链传动；②摩擦传动，如带传动，摩擦无级变速器；③流体传动。这里不介绍流体传动，主要介绍齿轮传动、链传动与带动的实验分析与研究。齿轮传动、链传动和带传动是广泛应用的机械传动形式。在汽车、机床、国防等行业中，上述三种传动的正确设计是非常重要的内容。

通常整套机械传动系统由两级传动或多级传动组成，这样可以充分发挥不同机械传动形式的特点，实现机械设计的功能与价格比最优化。此外，机械传动系统的布置设计也非常重要，设计者必须对每种机械传动的特点有全面深入的了解。

机械传动的运动学和动力学参数测试原理与方法是机械科学与技术人员必须掌握的基本能力。机械传动综合实验将对上述三方面的内容进行探讨。以典型机械传动为对象研究机械传动的组成结构运动学和动力学参数测试原理与技术。

一、实验目的

1. 通过测试常见机械传动装置在传递运动和动力过程中的参数曲线，加深对机械传动性能的认识和理解。

2. 掌握机械传动合理布局的基本要求。

3. 掌握计算机辅助实验的新方法，培养进行设计性实验和创新性实验的能力。

二、机械传动总体设计

带传动、链传动和齿轮传动是常用的机械传动形式，如何布置这些传动形式，即如何总体设计传动链式是首先要解决的问题。在机械传动系统设计中，为了合理设计传动链，有以下四条原则：①传动载荷能力小的（如带传动、圆锥齿轮传动）放在高速级；②有动载荷的（如链传动、连杆传动、凸轮传动）放在低速级；③传动平稳的（如斜齿轮传动、闭式齿轮传动）放在高速级，传动平稳性较差的（如直齿轮传动、开式齿轮传动）放在低速级；④传动链中有摩擦转动的（如带传动、摩擦轮传动），制动器应放在工作机前，才能对工作机实现有效的制动。

在机器及机械设备中，为了实现功能、成本最大化，或由于机械的功能要求，常常用不止一种传动设计来完成运动形式、参数、力及力矩大小的转变。在传动链中可采用不同形式的机械传动来实现要求的功能，每种传动机械效率是衡量该传动的能量损耗的指标参数，而能量损耗对机械的成本和机器中零件的寿命有决定性的影响。

本实验分为两种：一是在一定的电机运转速度下实验分析带传动、链传动、齿轮传动、蜗杆传动的机械效率，也可以实验分析带—齿轮传动、齿轮—链传动、带—链传动等的综合机械效率。二是实验研究在不同电机转速下，带传动、链传动、齿轮传动、蜗杆传动的机械效率，也可以实验分析带—齿轮传动、齿轮—链传动、带—链传动等的综合机械效率。电机转速的调节由三相感应变频器来实现。

实验系统总体结构如图 3-39 所示。

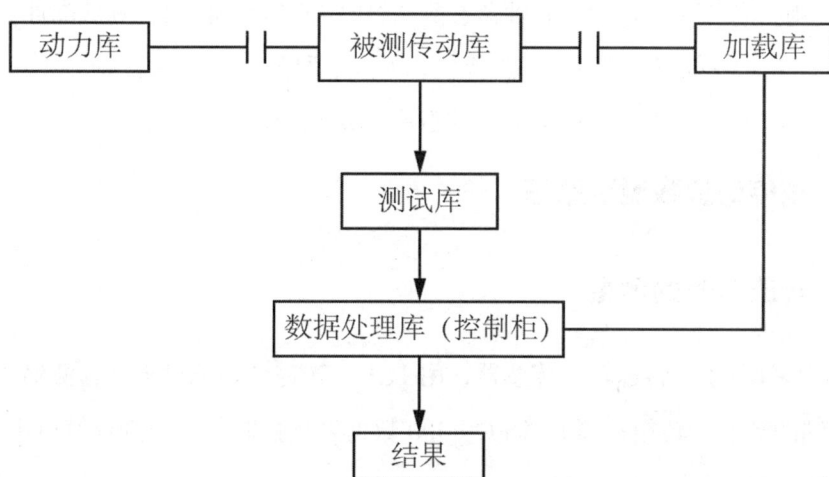

图 3-39　实验系统总体结构图

三、实验设备及仪器

本实验在机械传动性能综合实验台上进行。该实验台采用了模块化结构，由不同种类的机械传动装置、联轴器、变频电机、加载装置和工控机等模块组成，学生可以根据选择或涉及的类型、方案和内容，自己动手进行传动连接、安装调试和测试，进行设计性实验、综合性实验或创新性实验。

机械传动性能综合测试实验台结构布局如图 3-40 所示。为了提高实验设备精度，实验台采用两个扭矩测量卡进行采集，测量精度能达到 $\pm 0.2\% FS$，能满足教学实验与科研生产实验的实际需要。该实验台采用自动控制测试技术设计，所有电机程控启停、转速、负载都程控调节，整台实验设备能够自动进行数据采集、处理，自动输出实验结果。

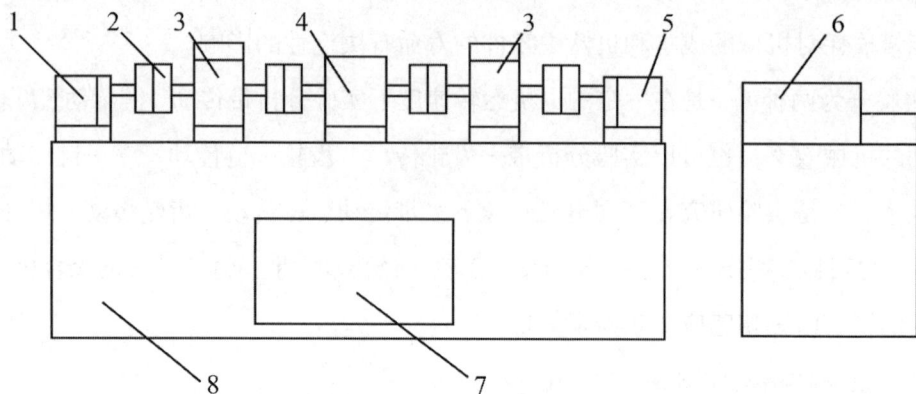

1—变频调速电机；2—联轴器；3—转矩转速传感器；4—测试部件；

5—加载装置；6—工控机；7—电器控制柜；8—台座

图 3-40　实验台的结构布局

四、机械传动参数测试原理

（一）转速转矩的测量

实验机中采用 ZJ 型转速转矩传感器，用 TC—1 转速转矩测试卡来检测输入轴的转速、转矩，输出轴的转速、转矩，再通过 PC—400 数据采集控制卡采集到计算机中，在软件部分按下式计算出机械传动当时的效率。

$$\eta = \frac{T_0 n_0}{T_i n_i}$$

式中：T_0，n_0—输出轴的转矩与转速；

T_i，n_i—输入轴的转矩与转速。

转矩传感器的机构如图 3-41 所示，主要由扭力轴、磁检测器、转筒和壳体四部分组成。磁检测器包括配对的两对内、外齿轮，永久磁钢和感应线圈。外齿轮装在扭力轴测量段的两端；内齿轮装在转筒内，和外齿轮相对；永久磁钢紧接内齿轮安装在转筒内。永久磁钢、内外齿轮构成环形闭合磁路，感应线圈固定在壳体两端盖内。在驱动电机带动下，内齿轮随同转筒旋转。

内、外齿轮是变位齿轮，实际并不啮合，齿顶留有工作气息。内、外齿轮的齿顶相对时气隙最小，齿顶和齿槽相对时气隙最大。

内外齿轮在相对旋转运动时，齿顶与齿槽交替相对，相对转动一个齿位时，工作气隙发生一个周期变化，磁路的磁阻和磁通随之相应做周期变化，因此检测线圈中感应出近似正弦波的电压信号，信号电压瞬时值的变化和内、外齿轮的相对位置变化是一致的。

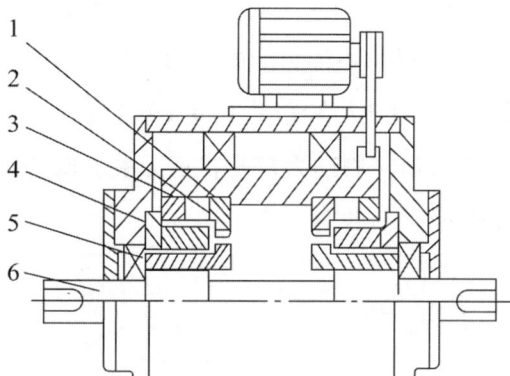

1—内齿轮；2—永久磁钢；3—转筒；4—感应线圈；5—外齿轮；6—扭力轴

图 3-41 转矩传感器的机构

如果两组检测器的齿轮的投影相互重合时，两组电压信号的相位差为零。安装时，两只内齿轮的投影是重合的。而扭力轴上两只外齿轮是按错动半个齿安装的，因此，两个电压信号具有半个周期的相位差，即初始相位差为180°。若齿轮为120齿，分度角为3°时，则相位差角为180°，相应外齿轮错动1.5°。

当扭力轴受到扭矩作用时，产生扭角 β，两只外齿轮的错位角变为1.5°±β，两个电压信号的相位差角相应变为

$$\alpha = 120° \times (1.5 \pm \beta) = 180° \pm 120\beta$$

扭角和扭矩是成正比的，因此扭角的变化和扭矩成正比，即相位差角的变化$\triangle\alpha$和扭矩 M 有如下关系：

$$\triangle\alpha = \alpha - \alpha 0 = \pm 120\beta = 120K_1 M = KM$$

式中：K_1—相位差角和扭矩比例系数，"±"表示转向。

设扭力轴测量段的直径为 d，长度为 L，扭力轴材料的剪切弹性模量为 G，则

$$K_1 = \frac{32L}{\pi dG}$$

将传感器的两个电压信号输入效率仪，用仪表将电压信号进行放大、整形、检相、变换成计数脉冲，然后计数和显示，便可直接读出扭矩和转速的测量结果。

（二）加载装置

本实验系统采用 CZ—5 型磁粉制动器来加载扭矩载荷。磁粉制动器是根据电磁原理和利用磁粉来传递转矩的，它具有励磁电流，和传递转矩基本呈线性关系的特性，在与滑差无关的情况下能够传递定的转矩，响应速度快，结构简单，是一种多用途、性能优越的自动控制元件，广泛用于各种机械中不同目的的制动、加载以及卷绕中放卷张力控制等。

CZ—5 型磁粉制动器的励磁电流与转矩基本呈线性关系，通过调节励磁电流可以控制力矩大小，其特性如图 3-42 所示。制动力矩与转矩无关，保持定值。静力矩与动力矩没有差别，其特性如图 3-43 所示。

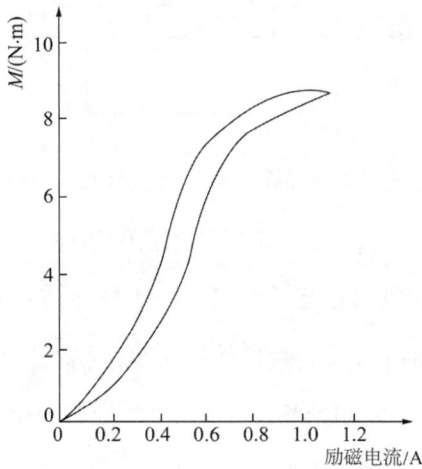

图 3-42　力矩与电流关系图

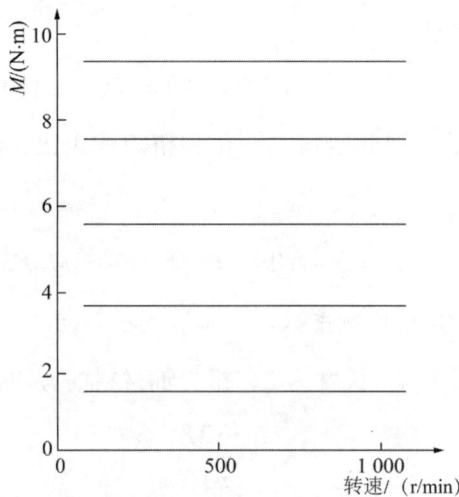

图 3-43　力矩与转速关系图

磁粉制动器的滑差效率在散热条件一定时是定值。因此，滑差功率确定以后力矩和转速允许相互补偿。例如，转速高时，则允许力矩减小，其特性如图 3-44 所示。但最高转速一般不高于额定转速的 2 倍。

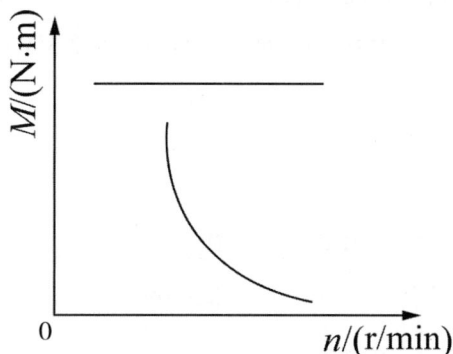

图 3-44 负载特性

磁粉制动器用直流电做励磁电源。磁粉加载器在运输过程中，常使磁粉聚集到某处，有时甚至会出现"卡死"的现象，此时只要将制动器整体翻动，将磁粉松散开来，或用杠杆撬动，同时在使用前应进行跑合运转，并先通过 20% 左右的额定电流运转几秒后断电再通电，反复几次。磁粉加载器有允许的最大加载力矩，在实验中，注意不要超过最大加载力矩。

五、实验方法及步骤

（一）确定实验类型与实验内容

学生可以从 V 形带传动、同步带传动、套筒滚子链传动、圆柱齿轮减速器、蜗杆减速器、摆线针轮减速器中选择 1 ~ 2 种进行传动性能实验，也可以将两种传动方式进行组合，例如 V 带传动—齿轮减速器、同步带传动—齿轮减速器、链传动—齿轮减速器、带传动—蜗杆减速器、链传动—蜗杆减速器、V 带传动—链传动、V 带传动—摆线针轮减速器、链传动—摆线针轮减速器等。

（二）组装实验装置

（1）组装实验装置时，由于电动机、被测传动装置、传感器、加载器的中心高度不一致，应选择合适的垫板、支撑板、联轴器，调整好设备的安装精度，以使测量的数据精确。

各主要组装件中心高及轴径尺寸如下：

变频电机　　　　中心高 80mm　　轴径 19mm

ZJ10 转矩转速传感器　中心高 60mm　　轴径 14mm

ZJ50 转矩转速传感器　中心高 70mm　轴径 25mm

FZ—5 磁粉制动器　法兰式　　　轴径 25mm

齿轮减速箱　　　中心高 120mm　轴径 18mm　中心距 85.5mm

摆线针轮减速箱　　中心高 120mm　轴径 20mm　轴径 35mm

轴承支承　　　中心高 120mm　轴径 18mm　轴径 14，18mm

（2）在带、链的实验装置中，为防止压轴力直接作用在传感器上影响测试精度，一定要安装本实验台配置的专用轴承座。

（3）在组装好实验装置后，用手驱动电机轴，如果装置运转自如，方可接通电源进入实验操作。否则，调整各连接轴的中心高、同轴度，以免损坏转矩转速传感器。

（三）对测试设备进行调零

（1）打开工控机，双击桌面的快捷方式"Test"进入软件运行界面。按下控制台"电源"按钮，在控制台上选择"自动"，按下"主电机"按钮。点击主界面下拉菜单中的"实验"部分，启动输入端扭矩传感器和输出端扭矩传感器上部的小电机，此时前面板上的"n1"和"n2"应分别显示小电机的转速，"M1"和"M2"应分别显示传感器扭矩量程。然后点击电动机控制操作面板上的电机转速调节框，调节主电机转速。如果此时小电机和主电机转速方向相反，那么转速就叠加，"n1"和"n2"数值都增大，说明小电机旋转方向正确；相反，"n1"和"n2"数值都减小或其中一个减小，则重新调整小电机旋向，直到两小电机转速均与主轴转速叠加为止。

（2）小电机旋向正确后，将主轴转速回调至零，然后再点击下拉菜单"设置部分"，系统弹出"设置扭矩转速传感器参数"对话框，此时只须分别按下输入端和输出端调零框右边一钥匙状按钮便可自动调零，存盘后返回主界面，调零结束。

（四）对所组装的实验系统进行测试

（1）在主界面被测参数数据库内，填入实验类型、实验编号、小组编号、指导教师和实验人员等相关信息，实验编号必须填写，其他项可填可不填。然后按动数据操作面板中"被测参数装入"按钮，把相关信息存到测试系统中。

（2）点击"设置"按钮，在弹出的对话框中确定实验测试参数，通常选择转速 n1 和 n2、扭矩 M1 和 M2。点击"分析"按钮，在弹出的对话框中确定实验所需分析项目、选择曲线选项、绘制曲线、打印表格等。

（3）启动主电机，进入"实验"。使电机转速加快直接进入同步转速后，进行加载。加载时要缓慢平稳，否则会影响采样的测试精度。待数据显示稳定后，即可进行数据采样。要采用分级加载，分级采样，采样数据 10 组左右即可。

（4）从分析中调看参数曲线，结合曲线对实验结果进行分析，重点分析机械传动装置传递运动的平稳性和传递动力的效率。

（5）打印实验结果，测试结束，注意逐步卸载，关闭电源开关。

（五）注意事项

（1）本实验台采用的是风冷式磁粉制动器，注意表面温度不得超过 80 ℃，实验结束后应及时卸除载荷。

（2）无论做何种实验，均应先启动主电机后加载荷，严禁先加载荷后开机。

（3）在实验过程中，如遇电机转速突然下降或者出现不正常的噪声和振动时，必须卸载或紧急停车，以防烧坏电机以及其他意外事故。

（4）测试时，应按测试系统软件操作。严禁删除计算机内的文件。

思考与练习

1. 可拆连接和不可拆连接的主要类型有哪些？

2. 螺纹连接有哪几种防松类型？它们各有什么样的特点？

3. 采用串联钢丝对螺栓连接进行防松，应当注意串联的方向，原因是什么？

4. 带传动按带的截面形式分，有哪几种类型？带传动有哪几种失效形式？

5. 根据工作条件，齿轮传动有哪两种类型？各有什么特点？齿轮传动的失效形式是什么？

6. 根据轴承的组成结构，轴承分为哪些类型？它们各适用于什么样的场合？

7. 带传动的弹性滑动和打滑现象有何区别？它们各自的原因是什么？

8. 带传动的张紧力大小对传动能力有何影响？最佳张紧力的确定与什么因素有关？

9. 带传动的效率如何测定？试解释传动效率和有效拉力的关系。

10. 带传动的滑动率如何测定？分析滑动曲线和效率曲线的关系，如何确定有效拉力的最佳值？

11. 机械传动链应如何设计布置？

12. 带传动的弹性滑动现象与打滑有何区别？它们产生的原因是什么？

13. 带传动的效率与哪些因素有关？为什么？

14. 影响机械传动效率的因素有哪些？可以采用哪些措施来提高机械传动效率？

第四章　机械制造实验

机械制造技术是指在机械制造过程中，使原材料变成产品的一系列技术的总称，它支撑着机械制造业的健康发展。拥有先进的制造技术能使一个国家的制造业乃至国民经济处于有竞争力的地位。机械制造技术实验包括五个实验，分为基础型、综合型和创新型三个层次。所包含的实验内容为：卧式车床拆装与分析实验、机床静刚度测定实验、电火花加工工艺实验、快速成形技术实验、激光加工工艺实验。通过实验，旨在使学生进一步了解和巩固本课程主要理论知识与方法，使学生初步了解各种加工方法的特点、用途及应用范围，以及在加工过程中工艺系统受力变形对加工精度的影响和常见机器工作原理及运动特点，并通过本实验使学生对机械加工工艺从感性认识上升为理性认识，培养创新意识，提高创新能力。①

第一节　车刀几何角度的测定实验

一、实验目的

1. 了解车刀量角仪的结构与工作原理，学会使用车刀量角仪测量车刀标注角度。

2. 通过实验加深对常用车刀形状及几何角度、刀具标注坐标平面的理解。

3. 学会绘制车刀工作图。

二、实验设备和工具

1. 测量用车刀，包括 60° 直头外圆车刀、75° 弯头外圆车刀、45° 弯头外圆车刀、90° 偏刀、切断刀。

2. 车刀量角仪的结构，如图 4-1 所示。

---

① 孔建益，熊禾根，邹光明．机械制造实验教程 [M]．武汉：华中科技大学出版社，2008.

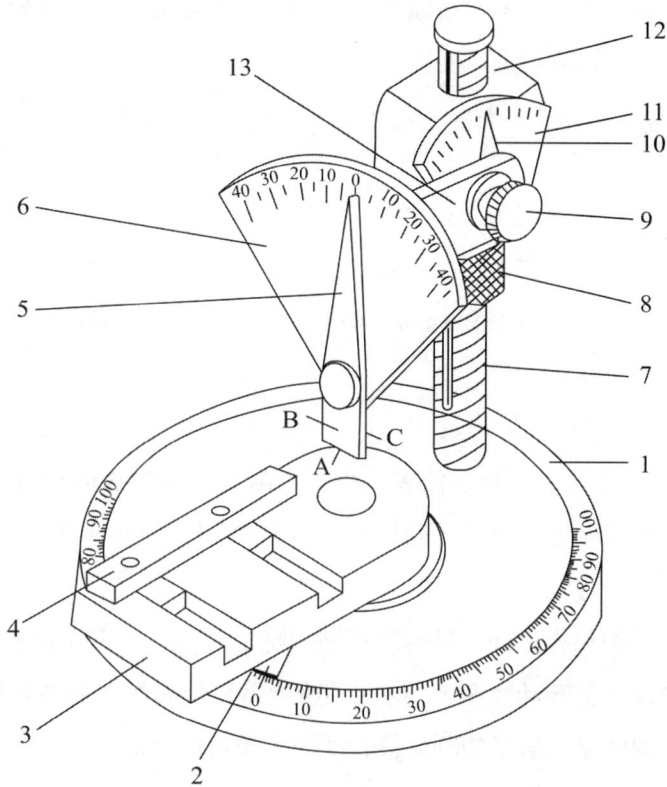

1—圆形底盘；2—基线板；3—工作台；4—定位块；5—测量板；6—大刻度盘；7—螺纹丝杠立柱；8—大螺帽；9—旋钮；10—小指针；11—小刻度盘；12—滑体；13—弯板

图 4–1　车刀量角仪

车刀标注角度可以使用角度样板、万能量角器及各种量角仪进行测量。本实验所使用的车刀量角仪（哈尔滨工业大学制造）不仅能测出主剖面坐标系内的角度，而且也能测量出法剖面，进给切深剖面坐标系内的角度。

圆形底盘 1 的周边刻有 0° 起向顺、逆时针两个方向各 100° 的刻度。工作台 3 可以绕底座中心轴转动，基线板 2 可指示出所转的角度。工作台 3 上的定位块 4 和滑条固定在一起，可在工作台 3 的槽内滑动。螺纹丝杠立柱 7 安装在底盘上，旋转丝杠上的大螺帽 8、滑体 12 可上下滑动。滑体 12 上装有小刻度盘 11，用旋钮 9 将弯板 13 锁紧在滑体 12 上。松开旋钮 9，弯板可顺时针、逆时针两个方向转动，转动的角度由小指针 10 在小刻度盘 11 上指示出来。在弯板 13 的另一端固定着大刻度盘 6，测量板 5 可绕螺紧轴顺时针、逆时针转动，转动角度可在大刻度盘 6 上指示出来。

当基线板 2、测量板 5、小指针 10 都处于 0° 时，测量板 5 的前面 B、侧边 C 垂直于工作台 3 的平面。测量车刀角度，就是通过调整工作台 3、定位块 4、大螺帽 8、测量板 5

，使测量板 5 的测量刀口 C、A 和前面 B 与车刀有关的面域或线紧密贴和，从大刻度盘 6 上读出测量板 5 所指示的被测量角度值。

三、实验原理

以外圆车刀为例，介绍用车刀量角仪测量车刀标注角度的方法。

1. 校准车刀量角仪原始位置

在测量车刀角度之前，必须将测量板、小指针、基线板全部调整到零位。将车刀按图 4-2 平放在工作台上，此时称为原始位置。

2. 主偏角 K_r、副偏角 K_r' 的测量

从原始位置起，转动工作台，使主（副）切削刃与测量板前面 B 紧密贴合，则基线板 2 上所指刻度值，即为主偏角 K_r（副偏角 K_r'）的数值，如图 4-3 所示。

3. 刃倾角的测量

测量主偏角时的测量板平面，即与主切削刃贴合又垂直于工作台平面，因此，测量板平面相当于切削平面。若转动螺帽 8，同时调整测量板使底面 A 和主切削刃紧密贴合，如图 4-3 所示，则大刻度盘上所指的刻度值，即为刃倾角的数值。

4. 前角 γ_0 和后角 α_0 的测量

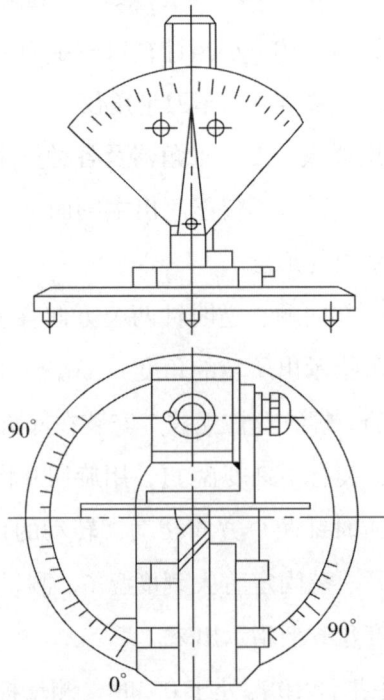

图 4-3　测量 K_r（K_r'）

　　前角 γ_0 和后角 α_0 的测量，必须在测完主偏角数值后才能进行。从图 4-3 测量完主偏角位置起，按逆时针方向使工作台转动 $90°$，这时，主切削刃在基面的投影恰好垂直于测量板前面 B（此时 B 相当于主剖面 P_0），调整大螺帽使测量板底面 A 落在通过主切削刃上选定点的前刀面（紧密贴合），如图 4-4 所示，则测量板在大刻度盘上的数值即为前角 γ_0 的数值。调整大螺帽及滑条，使测量板测量刀口面紧密贴合，则测量板在大刻度盘上的数值就是主剖面后角 α_0 的数值。

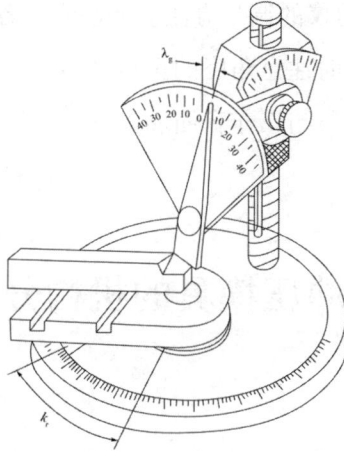

图 4-2　车刀量角仪原始位置

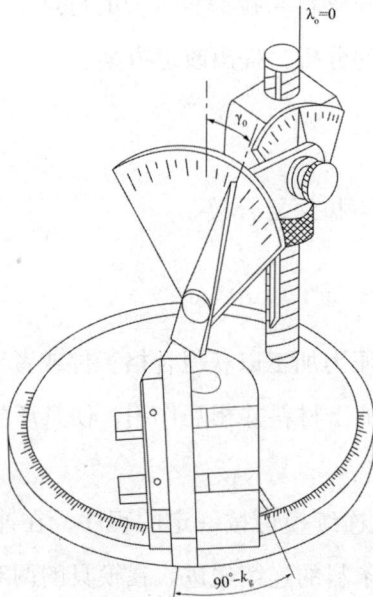

图 4-4　测量车刀前角

四、实验内容及步骤

1. 测量 60°、75° 和 90° 外圆车刀、切断刀独立角度，记录其数值，并画出草图。

2. 思考外圆车刀法向前角 γ_n、进给前角 γ_f，切深前角 γ_p 的测量方法。

3. 整理实验报告书并完成思考题。

4. 注意事项

（1）测量车刀角度时，必须先分辨清主、副切削刃，前后刀面，设定走刀方向。然后才能确定测量某一角度时量角仪的调整方法。要注意与各标注平面之间的关系。

（2）测量刀刃倾角及前角时注意角度的正负号。

（3）测量时，防止测量刀口与工作台面撞击。

第二节　冲压模具的机构分析与拆装

一、实验目的

1. 掌握冲压模具的结构、组成及各部分的作用。

2. 了解落料 – 冲孔连续模与落料 – 拉深复合模的特点。

3. 通过模具现有结构状态的分析，提出改进方案。

二、实验设备和工具

落料 – 冲孔连续模、落料 – 拉深复合模。

三、实验原理

冷冲压模具是对板材进行压力加工以获得合格工件或者毛坯的工具。在冲压过程中，模具的凸模和凹模直接接触被加工材料并相互作用，使其产生变形或分离，从而形成预期的工件形状。

图 4-5 所示的落料 – 冲孔连续模可按一定的程序，在冲床滑块的一次行程中，完成两个冲压工序。工作时，随着条料的连续送进，在模具的两对凸模和凹模的作用下，分别完成冲孔和落料工作。该模具容易保证零件各部分的相对尺寸，生产效率也较高。该模具工作时，首先由冲孔凸模和凹模冲出零件的四个孔，然后把条料向前送进一个步距，利用落料凸模和凹模进行落料，即可得到所需要的零件。在前一个零件落料的同时，冲孔凸模

和凹模又冲出下一个零件上的孔。随着条料的不断送进，连续地冲孔和落料，冲床滑块的一次行程即能完成整个零件的冲压工序。

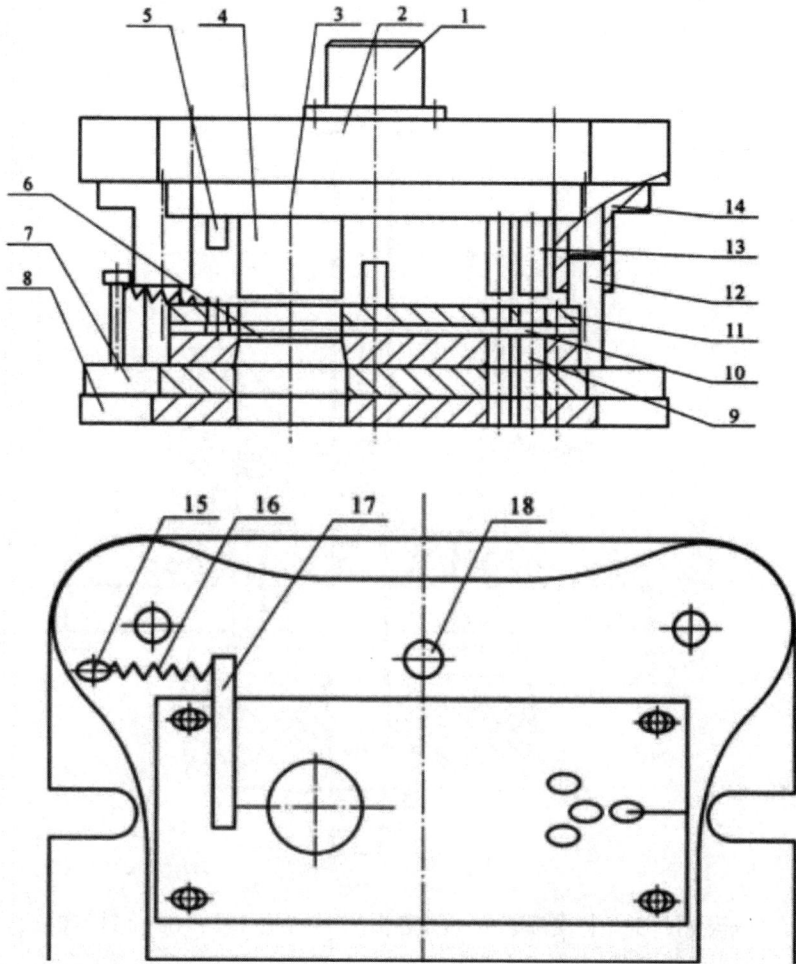

1—模柄；2—上模座；3—固定板；4—落料凸模；5—定位器压杆；6—落料凹模；7—固定板；
8—下模座；9—冲孔凹模；10—导板；11—卸料板；12—导柱；13—冲孔凸模；14—导套；
15—定位器支柱；16—定位器弹簧；17—定位器； 18—定位销

图 4-5　落料 – 冲孔连续模

连续模中，定位是一个关键问题。本实验所用模具，条料横向由定位器定位，纵向由导板定位，上下方向凸凹模对正由导柱导套进行导向。

图 4-6 所示的落料 – 拉深复合模，制件为有凸缘的拉深件。落料时，在落料凹模和落料凸模的作用下，冲下拉深时所需的制件毛料、废料由卸料橡皮卸下，落料完毕后随即进行拉深工作。这时，落料凸模即成为拉深凹模，拉深凸模固定在下模座上。顶件器上部的压边圈在顶件器中的橡皮的作用下，通过顶杆产生压力，当落料工作完成后，压边圈就

与拉深凹模一道将毛料压紧，防止制件在拉深过程中产生起皱现象，直到拉深完毕。当拉深完毕上模座开始上升时，压边圈在顶件器的作用下将制件顶出。如制件卡在拉深凹模内时，则由卸料杆将制件击落。

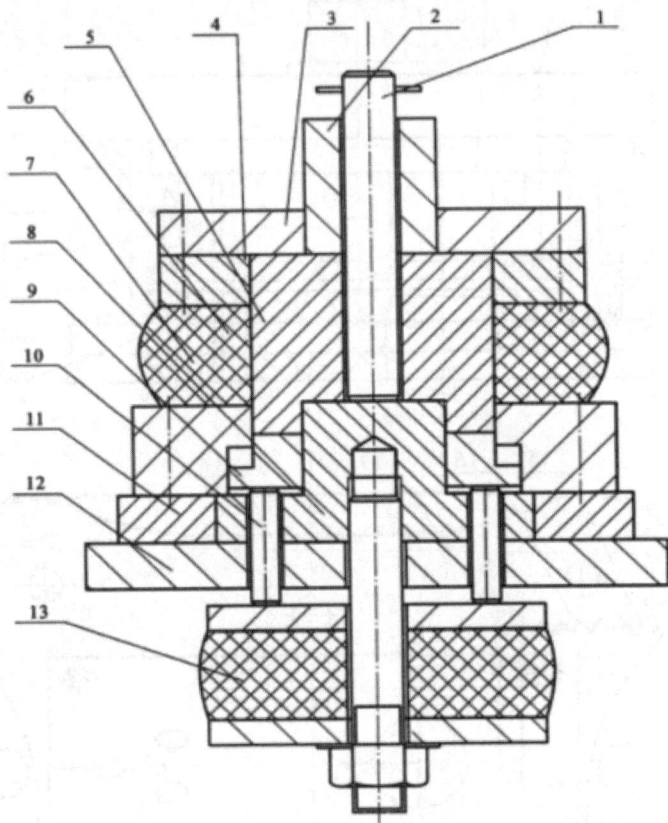

1—卸料杆；2—模柄；3—上模座；4—固定板；5—凸凹模；6—卸料橡皮；7—落料凹模；
8—拉深凸模；9—压边圈；10—顶杆；11—固定板；12—下模座；13—顶件器

图4-6　落料－拉深复合模

四、实验内容和步骤

本实验要求完成拆装落料－冲孔连续模和落料－拉深复合模各一副，对模具的整体作用和各个部分的单独及联合作用进行功能分析，并针对现有结构状态提出改进方案，具体实验步骤如下：

1. 打开上、下模，认真观察模具结构及动作过程。

2. 分析模具的整体作用。

3. 分析各组合结构的特点和作用。

4. 分析各个零件的作用。

5. 针对两种模具的现有结构状态，对每副模具提出至少四个问题，并提出改进方案。

第三节　切削力测量实验

一、实验目的

1. 了解切削力的测量方法。

2. 了解切削用量（v, f, a_μ）对切削力的影响。

3. 得出切削力的实验公式。

二、实验设备和工具

实验设备及工具如表 4-1 所示。

表 4-1　实验设备及仪器

序号	设备（工具）、仪器名称	数量
1	车床	1 台
2	车刀	2 把
3	试件	1 根
4	直流三线数字式测力仪	1 台
5	双对数坐标纸	若干张
6	卡尺、钢板尺	各 1 把
7	测力环	1 个
8	双平行八角环测力仪	1 台

三、实验原理和方法

（一）电感式测力仪工作原理

切削力作用在刀头上，刀头与弹性体连接，如图 4-7、图 4-8 所示。在弹性体受切削力的三个分力方向上分别安装三个电感线圈，线圈两端由电感测力仪电源箱提供一个固定的电压。当刀尖受到切削力作用时，线圈的间隙变化将使线圈周围的磁场发生变化，从而使通过线圈的磁通量变化，使线圈两端的电压发生变化。

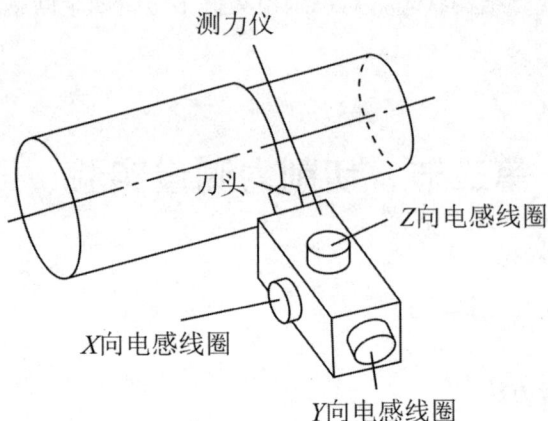

图 4-7　电感测力仪示意图

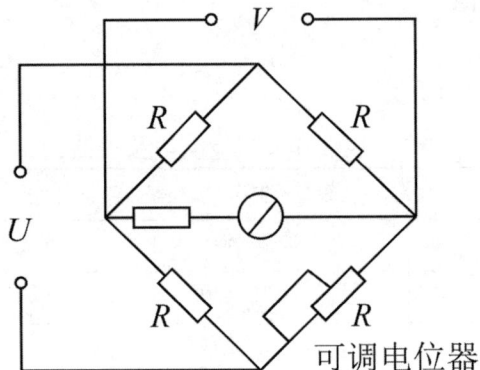

图 4-8　电桥接线图

测力仪电源箱内部装有三个电桥，与测力仪的三个电感线圈相对应，每个电桥的接线图如图 4-8 所示。其中 U 为电桥电源，V 为电感线圈产生的变化电压，接于桥臂两端。在一个桥臂上装有可调电位器。测量前，调节可调电位器，使电桥达到平衡。当外部电压发生变化时，电源箱上的三个微安表就会测出这个变化，电流的大小反映出切削力的大小。

双平行八角环作为弹性元件，在上环和下环的各个表面上，共粘贴着 20 片电阻应变片，可以组成三个电桥，分别测量 F_z、F_y、F_x。

（二）CLS-1 直流三线数字式测力仪

1. 主要性能指标

测量范围　$0 \pm 1999\text{kg}$

仪器灵敏度　$1.5\,\mu\text{V/kg}$

分辨力　1kg

测量路数　可同时监视三个方向的力

应变片灵敏度　Z（由应变片材料性质决定的一个常数）

应变片阻值范围　60~1000Ω（按120Ω设计）

传感器灵敏度测量范围　≤ 0.5~4.8μV/kg

电阻平衡范围　≤ ±0.7Ω

正负对称型误差　≥ 0.5%

（以标准桥标定时的最大值计）

线性误差（标准桥）　0.6%±1个字

取样时间　3次/秒

供桥电压　3V

电源电压　220V（50Hz）

2. 仪器特点

CLS-1型直流三线数字式测力仪是专为QB型测力仪传感器配套的测量仪器，它可以直接测量切削加工中的三个方向切削力的大小，直接显示力的值（单位kg）。该仪器系直流电压供电，采用新型大规模集成电路，仪器灵敏度高，线性、重复性好，抗干扰能力强，工，作稳定可靠，使用维护方便。

3. 仪器的旋钮介绍

（1）仪器前面板，如图4-9所示。

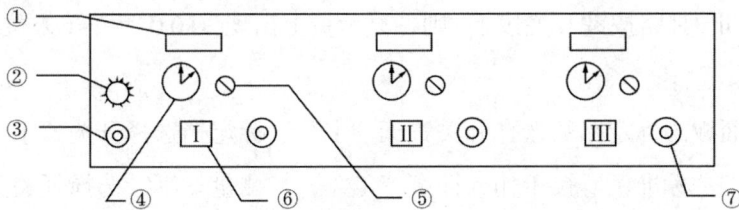

图4-9　CLS-1型直流三线数字式测力仪的前面板

①液晶显示板（读数单位为kg）；

②发光二极管（电源开启即亮）；

③电源开关；

④灵敏度调整指针式电位器；

⑤校正电位器（用一字旋具调整标定值至规定值）；

⑥按键开关（接通各路电源）；

⑦标准桥或传感器调平衡电位器（使该路显示为 0）。

（2）仪器后面板，如图 4-10 所示。

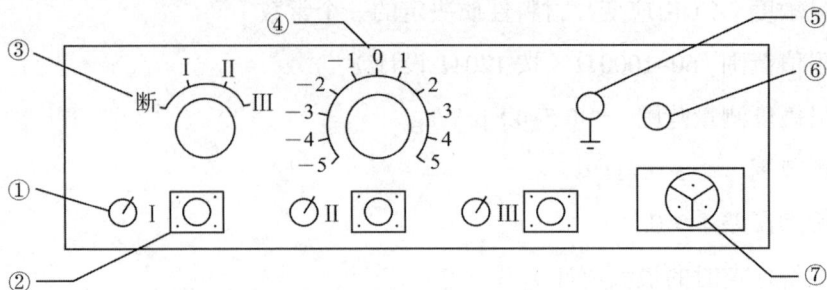

图 4-10 CLS-1 型直流三线数字式测力仪的后面板

①"测量—零"选择开关；

②微型输入插座（标准桥或传感器各路输出接于此插座）；

③ R 标定路数选择开关（选择校正或标定的路数）；

④标定挡选择开关（每挡对应有规定值）；

⑤接地端子；

⑥保险管座（一般为 0.3A）；

⑦电源插座。

4. 仪器校正

（1）前面板的各灵敏度指针置于"1"，后面板的"测量—零"选择开关置于"零"。

（2）将电源开关置于"通"。

（3）将Ⅰ、Ⅱ、Ⅲ路按键开关按下，则各显示板上出现"000"字样（末位数字允许为 1、2 或其他数字）。

（4）将后面板的标定路数选择开关置于"Ⅰ"，标定挡选择开关置于"零"。

（5）将附件"标准桥"接于输入插座"Ⅰ"，"测量—零"选择开关置于"测量"。

（6）调整前面板Ⅰ路的"平衡"旋钮，使该路显示板为"000"。

（7）将标定挡选择开关旋至"±4"挡，观察正负挡的显示数值是否对称，其值是否在规定值的误差范围内（规定值见表 4-2），若不符合，则可调整前面板上的"校正"电位器⑤，使液晶显示出规定值（±1992±0.6%），然后按此方法检查其他挡的数值，并记下这些数值，至此该路校正完毕。

（8）将后面板上"测量—零"开关置于"零"，旋下标准桥，按上述方法校正Ⅱ、Ⅲ路。Ⅰ、Ⅱ、Ⅲ路校正完毕后，校正电位器不宜乱动，否则必须重新校正。每次测量前都应做这项校正工作。

表 4-2 各挡校正的对应数据

挡 / 校正值	规定值（0.6%）/A
0	0
± 1	+59
± 2	+119
± 3	± 599
± 4	± 1495
± 5	± 1992

5. 仪器的静态标定

（1）将标定专用刀杆安装在八角环测力仪上，并测量刀杆的伸出长度。

（2）将八角环测力仪和测力环安装在专用的标定装置上或者安装在可以实现三个相互垂直方向加载的机床上。

（3）将八角环测力仪的各路输出接头接入仪器输入插座，并置"测量—零"选择开关于"测量"。

（4）按照测力环示值表（见表 4-3）进行加载，观察仪器的液晶显示。如显示的值与实际加载的数值不符，应调整该路灵敏度指针，使显示的值为加载的实际数值。

（5）仪器线性误差 r。在传感器测力范围内，以实际的显示读数与测力环标准读数的最大偏差，来计算传感器的线性误差 r。

（三）测力环

测力环外形图及测力原理如图 4-11 所示。

当上下承压座受力时弹性体变形，支杆使杠杆向上摆动而使百分表指针偏摆，根据偏摆量可知力的大小。

表 4-3 所示为测力环示值对应表。

表 4-3　测力环示值对应表

载荷 /kg	百分表示值 /mm	载荷 /kg	百分表示值 /mm
0	1.000	150	4.628
30	1.720	200	5.844
50	2.208	250	7.062
100	3.417	300	8.279

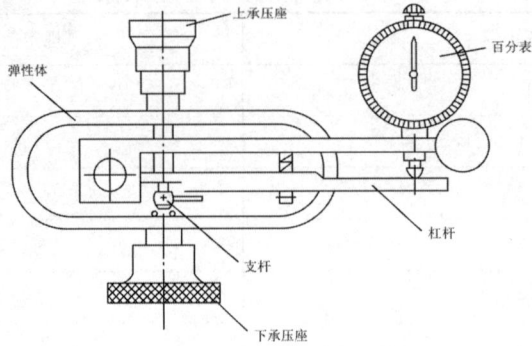

图 4-11　测力环外形图及测力原理

四、实验步骤和数据处理

1. 准备工作

（1）安装工件、测力仪及车刀。注意刀尖伸出长度应与标定时的一致，并对准工件的中心高。

（2）熟悉机床的操纵手柄及操作方法，实验中要注意安全操作。

（3）确定实验条件。

2. 切削实验

用单因素法进行实验，即在固定其他参数，只改变一个参数的条件下，测量出切削力。

（1）固定 v 和 f，依次改变 aμ，（在 0.5~3mm 范围内，取 5 个数值）进行切削，将 aμ 和切削力的数值填入实验报告中。

（2）固定 v 和 aμ，依次改变 f（根据机床进给量表，选取 5 个数值）进行切削，将 f 和切削力的数值填入实验报告中。

3. 实验数据处理与切削力经验公式的建立

将实验数据按 $\lg Fz - \lg a_{\mu}$、$\lg Fz - \lg f$ 逐点记入双对数坐标中。$\lg Fz - \lg a_{\mu}$、$\lg Fz - \lg f$ 的关系近似于一条直线，所以有以下关系。

$$X_{Fz} = \tan a_1 = \frac{a_1}{b_1}, Y_{Fz} = \tan a_2 = \frac{a_2}{b_2}$$

$$\lg Fz = \lg C_1 + X_{Fz} \lg a_{\mathrm{p}}$$

（4-1）

$$\lg Fz = \lg C_2 + Y_{Fz} \lg f$$

（4-2）

式（4-1）、式（4-2）可以写为

$$Fz = C_1 a_\mu{}^{X_{Fz}}$$
$$\text{（4-3）}$$

$$Fz = C_2 f^{Y_{Fz}}$$
$$\text{（4-4）}$$

系数 C_1 和 C_2 是 a_μ=1mm 及 f=1mm/r 时的 Fz 值。X_{Fz}，Y_{Fz}，从图上可以求出。
综合式（4-3）、式（4-4）可得

$$Fz = C_{Fz} a_p{}^{X_{Fz}} f^{Y_{Fz}}$$
$$\text{（4-5）}$$

式中：C_{Fz} 为待定系数。式（4-5）应分别满足式（4-3）、式（4-4），即

$$Fz = C_1 a_p{}^{X_{Yz}} = C'_{Fz} a_p{}^{X_{Fz}} f^{Y_{Fz}}$$
$$\text{（4-6）}$$

$$Fz = C_2 f^{Y_{Fz}} = C''_{Fz} a_p{}^{X_{Fz}} f^{Y_{Fz}}$$
$$\text{（4-7）}$$

由式（4-6），式（4-7）得

$$C'_{Fz} = \frac{C_1}{f^{Y_{Fz}}}, C''_{Fz} = \frac{C_2}{a_p{}^{X_{Fz}}}, C_{Fz} = \frac{C'_{Fz} + C''_{Fz}}{2}$$

$Fz = C_{Fz} a_p{}^{X_{Fz}} f^{Y_{Fz}}$（此式为主切削力实验公式）

第四节　焊接综合实验

一、实验目的

1. 了解埋弧焊机的原理和使用方法，了解规范参数对焊缝成形的影响。

2. 学习电阻点焊机的原理和操作，了解各个参数对点焊质量的影响。

3. 了解等离子弧的形成原理和特点，掌握等离子切割机的操作方法。

二、实验原理

埋弧焊是一种生产效率高、焊缝质量好的焊接方法，而且，埋弧焊没有弧光辐射，灰

尘很少，劳动条件好。一方面，焊丝导电长度缩短，电流和电流密度提高，因此电弧的熔深能力和焊丝的熔敷效率大大提高；另一方面，由于焊剂和熔渣的隔热作用，电弧基本没有热的辐射散失，飞溅也小，虽然用于熔化焊剂的热量损耗有所增大，但是总的热效率仍然大大增加。埋弧焊保护效果很好，焊缝成分稳定。但是，要获得高质量的焊缝，必须根据母材选择相应的焊丝、焊剂；工件和焊丝应清理干净并正确选择焊接参数，特别是焊缝输入能量的三个主要参数：I、U、V_w。

电阻点焊是指焊件装配成搭接接头，压紧在两个电极之间，利用电阻热熔化母材金属形成焊点的焊接方法。影响点焊质量的主要规范参数有：焊接电流 I、焊接时间 t、电极压力 P、电极头端面尺寸 S。

等离子弧是一种典型的压缩电弧，它靠热收缩、磁收缩和机械压缩效应，使电弧截面缩小，能量集中，提高了电弧电离度，形成高温等离子弧。空气等离子弧切割是一种安全、高效、节能的金属材料下料方法，直接使用压缩空气，无须外加其他气体。与氧乙炔火焰切割相比，割缝窄而平整光滑。

三、实验装置及实验材料

1.MZ-1000 埋弧焊机　1 台

2. 焊丝 H08ϕ4　10kg

3. 钢板 δ>6mm　2 块

4. 焊剂 剂 431　10kg

5.DN-16 电阻点焊机　1 台

6. 薄钢板 δ<1mm　1 块

7.V0.6/8 空气压缩机　1 台

8.PS-60 空气等离子切割机　1 台

9. 钢板（自选）　1 块

10. 工具　1 套

四、实验步骤

1.埋弧焊

在试板上堆焊，调节参数，将结果记入表 4-4。

表 4-4　埋弧焊实验表

编号	I	U	V_w	焊缝宽		堆高		成形（e, g, b）	备注
				min	max	min	max		
焊机型号：　　焊剂牌号：　　焊丝牌号及规格：									
母材牌号及规格：　　　　注：e= 很好，g= 好，b= 不好									

2. 电阻点焊

调节参数，焊接 10 组，检验焊接质量，分析原因并提出改进措施，将实验结果记入表 4-5。

表 4-5　电阻点焊实验表

实验组数	1	2	3	4	5	6	7	8	9	10
热量 1										
电流缓升										
热量 2										
加压时间										
通电时间 1										
冷却时间										
通电时间 2										
维持时间										
压力质量（g, r, w）										
产生原因										
材料牌号及厚度：　　　　电极尺寸： 注：g= 好，r= 熔核缺陷，w= 外部缺陷										

3. 空气等离子弧切割钢板练习

切割四组不同厚度钢板，并记录相关数据到表 4-6 中。

表4-6 等离子切割钢板实验表

编号	钢板厚度 δ	切割速度 V	切割电流 I	割缝质量(a, b, c, d)
注: a= 好, b= 割缝过宽, c= 割缝不连续, d= 边缘粗糙

思考与练习

1. 用车刀量角仪测量车刀角度时, 量角仪大刻度盘及底盘平面相当于车刀标注角度坐标系中的什么平面? 按什么顺序测量角度才能节省时间?

2. 什么是单因素实验法?

3. 试说明切削力测量的原理和常用的方法。

第五章 机械静态与动态测试实验

测试是人们从客观事物中提取所需信息，借以认识客观事物并掌握其客观规律的一种科学方法。在测试过程中，需要选用专门的仪器设备，设计合理的实验方法和进行必要的数据处理，从而获得被测对象有关信息及其量值。广义来看，测试属于信息科学的范畴。一般说来，信息的载体称为信号，信息则蕴含于信号之中。信息总是通过某些物理量的形式表现出来的，这些物理量也就是信号。例如，单自由度质量—弹簧系统的动态特性可以通过质量块的位移—时间关系来描述，质量块位移的时间历程就是信号，它包含着该系统的固有频率和阻尼比等特征参数，也就是所需要的信息。分析采集到的这些信息，就可以掌握这一系统的动态特性。[①]

第一节 机械静态测试实验

一、纯弯曲正应力电测实验

（一）实验目的

1. 测定梁在纯弯曲时横截面上正应力大小和分布规律；
2. 验证纯弯曲梁的正应力计算公式。

（二）实验设备和工具

组合实验台中纯弯曲梁实验装置、XL2118 系列力应变综合参数测试仪、游标卡尺、钢板尺。

（三）实验原理及方法

在纯弯曲条件下，根据平面假设和纵向纤维间无挤压的假设，可得到梁横截面上任一

---

① 周传德. 机械工程测试技术 [M]. 重庆：重庆大学出版社，2014.

点的正应力，计算公式为

$$\sigma = \frac{M \cdot y}{I_{\mathrm{g}}}$$

式中：M—弯矩；

I_{g}—横截面对中性轴的惯性矩；

y—所求应力点至中性轴的距离。

为了测量梁在纯弯曲时横截面上正应力的分布规律，在梁的纯弯曲段沿梁侧面不同高度，平行于轴线贴有应变片如图 5-1 所示。

实验可采用半桥单臂、公共补偿、多点测量方法。加载采用增量法，即每增加等量的载荷 ΔP，测出各点的应变增量 $\Delta \varepsilon$；然后分别取各点应变增量的平均值 $\Delta \varepsilon_{实}$，依次求出各点的应变增量为：

$$\sigma_{实} = E \cdot \Delta \varepsilon_{实}$$

将实测应力值与理论应力值进行比较，以验证弯曲正应力公式。

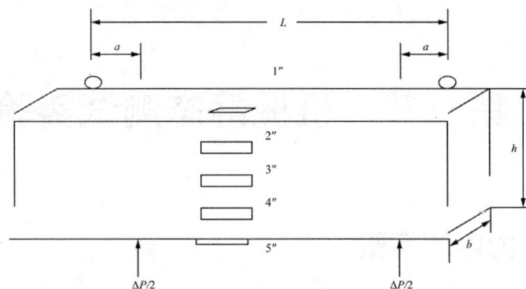

图 5-1　应变片在梁中的位置

（四）实验步骤

1. 设计好本实验所需的各类数据表格。

2. 测量矩形截面梁的宽度 b 和高度 h，载荷作用点到梁支点距离 a 及各应变片到中性层的距离 y。

3. 拟订加载方案。先选取适当的初载荷 P_0（一般取 $P_0 = 10\% P_{\max}$ 左右），估算 $P_{\max}$（该实验载荷范围 $P_{\max} \leqslant 4\,000\,\mathrm{N}$），分 4~6 级加载。

4. 根据加载方案，调整好实验加载装置。

5. 按实验要求接好线，调整好仪器，检查整个测试系统是否处于正常工作状态。

6. 加载。均匀缓慢加载至初载荷 P_0，记下各点应变的初始读数；然后分级等增量加载，每增加一级载荷，依次记录各点电阻应变片的应变值 ε_i，直到最终载荷。实验至少重复两次。

7. 做完实验后，卸掉载荷，关闭电源，整理好所用仪器设备，清理实验现场，将所用仪器设备复原，实验资料交指导教师检查签字。

二、电阻应变片安装及防护实验

（一）实验目的

1. 初步掌握电阻应变片的粘贴技术。
2. 学习贴片质量检查的方法。

（二）仪器设备

1. 电阻应变片、接线端子；
2. 等强度钢梁、温度补偿块；
3. 数字万用表、兆欧表；
4. 502 胶、连接导线、防潮胶；
5. 其他工具和材料：砂布、酒精、丙酮、脱脂棉等清洗材料及电烙铁、镊子等工具。

（三）电阻应变片粘贴工艺

电阻应变片的粘贴是应变电测实验中一个十分重要的环节。电阻应变片粘贴质量的好坏，直接影响到构件表面的应变能否准确、可靠地传递到敏感栅。因此，粘贴电阻应变片时必须严格按照其粘贴工艺要求，认真、细致地做好每一步工作。下面介绍常温电阻应变计粘贴的一般工艺。

1. 电阻应变片检查

首先对电阻应变片进行外观检查，观察敏感栅排列是否整齐，有无缺损、锈蚀斑痕、弯折以及引出线焊接点是否可靠等。然后测量每个电阻应变片的电阻值，对同一型号、规格的电阻应变片按其阻值进行分组，使同一组内各枚电阻应变片的电阻值相差不超过 $0.1\,\Omega$。

2. 试件表面处理

先用锉刀、刮刀、砂轮机等工具清除试件表面测点处的油漆、锈斑等，然后用砂布将表面打磨光（最好能打出与贴片方向成 45° 的交叉微细条纹）。打磨平整后，用划针在测点处划出微细的定位线。最后，用蘸有酒精、丙酮的脱脂棉球清洗测点处表面，直至棉球不再有污迹为止。

3. 粘贴电阻应变片

电阻应变片的粘贴与使用的黏结剂有关，这里介绍黏结剂为 502 胶时电阻应变片的粘贴方法。

如图 5-2 所示，首先确认贴片的方位，引出线应朝向便于布置导线的一方。然后一手捏住（或用镊子钳住）电阻应变片的引出线，另一只手拿住 502 黏结剂瓶，在已清洗过的贴片处和电阻应变片的基底上，各涂一层薄薄的黏结剂，迅速将电阻应变片放在贴片点上，对准定位线校正电阻应变片的方位后，在电阻应变片上盖一层聚四氟乙烯薄膜，然后用手指朝一个方向滚压，手感由轻到重，挤出多余的黏结剂和气泡。待黏结剂稍干后，将手松开，轻轻揭去聚四氟乙烯薄膜，观察粘贴情况。如电阻应变片敏感栅部位未粘牢或有气泡，应铲除重贴。若已经粘贴好，则用镊子轻轻将引出线拉离构件表面，以防粘在构件上。电阻应变片要待黏结剂完全固化后方能使用。不同的黏结剂固化要求各异，502 胶可自然固化且固化时间短。电阻应变片粘贴好后，还须将接线端子粘贴好，其粘贴过程与电阻应变片基本一致。

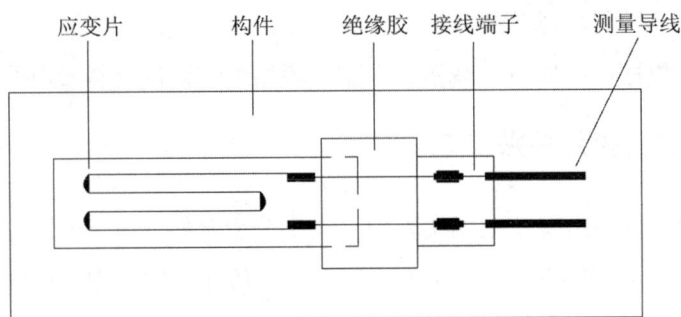

图 5-2　电阻应变片

4. 导线的固定和焊接

在每个电阻应变片的引出线到接线端子之间的下面贴一块绝缘胶带（若电阻应变片与接线端子之间无间隙，可省略绝缘胶带），以防引出线与金属构件短路。导线焊接时，要求将焊点焊透，防止虚焊。注意，焊接完毕后须剪除多余的引线；当导线较多时一般应给导线贴上标志、编号。

5. 贴片质量检查

首先按前述方法进行外观检查，观察粘贴电阻应变片的黏结剂是否均匀、透明，过多或太少；敏感栅部位是否有气泡。外观合格后，继续用万用表测量电阻应变片的阻值，同一组电桥内各片的电阻值相差不超过 $0.5\ \Omega$（如有异常，应逐一排查查焊点、导线等，直至阻值符合要求）。最后用兆欧表测量应变片与金属构件之间的绝缘电阻，一般应大于 50MΩ。

6. 电阻应变片防护

当电阻应变片固化好后（可通过电阻应变片与金属构件之间的绝缘电阻值来判断），应立即在电阻应变片、接线端子、裸露导线的附近区域涂抹一层硅胶，做防潮防护处理。

（四）实验步骤

1. 筛选电阻应变片，剔除阻值差别大、有损坏等现象的应变片；将选好的应变片按阻值分类放置。

2. 打磨试件表面，除去锈斑等。

3. 根据实验要求，确定贴片位置，再轻轻画好应变片的定位线；若有需要，再将贴片位置轻轻用砂布打磨成与贴片方向成 45° 的交叉微细条纹。

4. 清洗测点处表面，直至棉球不再有污迹为止。

5. 按照贴片工艺要求进行贴片，然后焊接并固定测量导线。

6. 检查贴片质量，对符合质量要求的应变片，待应变片绝缘阻值达到要求时，进行防潮处理；对不符合质量要求的应变片，铲掉重贴。

7. 将贴好电阻应变片的试件放置在干燥、通风的位置。

8. 清理实验现场。

（五）实验报告

1. 简述常温下电阻应变片粘贴的主要步骤。

2. 绘制电阻应变片布置图。

三、单个螺栓连接动静态综合测试实验

（一）预习要求

1. 认真阅读本实验指导书，查阅机械设计课程相关资料。

2. 完成实验预习报告，包括以下内容：

（1）简述螺栓连接系统中螺栓与被连接件在受轴向载荷的情况下，螺栓拉力、被连接件压力与变形之间的关系，要求画出螺栓、被连接件的受力与变形曲线图。

（2）列举能有效提高螺栓连接强度的一些措施。

（二）实验目的

1. 实验观察螺栓连接受载荷时，螺栓及被连接体的受力情况与变形规律。

2. 绘制单个螺栓连接的受力与变形曲线图。

3. 掌握测量仪器如数字电阻应变仪的应用。

（三）实验设备及仪器

本实验在 JLS–B 单个螺栓连接动静态综合实验台上进行，配套有数字电阻应变仪、计算机及相应的测试软件。

1. 主要的实验参数

（1）应变片：$R=120\Omega$，灵敏度系数：$k=2.08\pm1\%$。

（2）实验螺栓规格：M16。

（3）实验螺栓的材料弹性模量：206000N/mm^2。

2. JLS–B 单个螺栓连接的动静态综合实验台的结构及工作原理

JIS–B 单个螺栓连接动静态综合实验台的结构与工作原理，如图 5–3 所示。

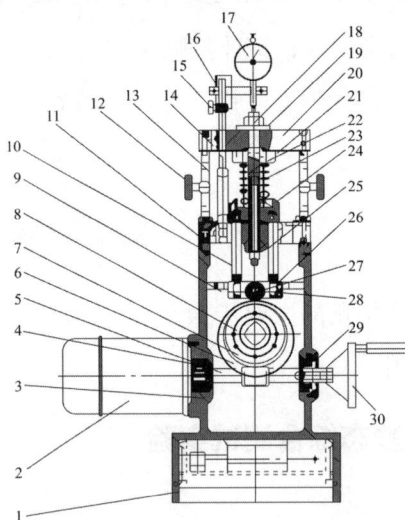

图 5–3　螺栓连接实验台的结构

1—箱体；2—电机；3—衬套；4—轴承；5—蜗杆；6—偏心凸轮；7—蜗轮；8—传动轴；9—盖板；10—挺杆；11—下连接板；12—锥塞；13—八角环；14—表夹杆；15—夹紧螺钉；16—表夹；17—千分表；18—M16 螺母；19—垫圈；20—上接板；21—上支座；22—螺栓；23—弹簧；24—下支座；25—小螺杆（刚度调节）；26—挺杆支座；27—小轴承；28—小销轴；29—端盖；30—手轮

连接部分由 M16 螺栓（22）、螺母（18）、垫圈（19）组成。M16 螺栓为空心螺栓，螺栓贴有测拉力和扭矩的两组应变片，分别测量螺栓在拧紧时所受预紧拉力和扭矩。螺栓的内孔中装有小螺杆（25），拧紧或者松开其上的小螺母，即可改变螺栓的实际受载截面积，以达到改变连接刚度的目的。垫片组由刚性和弹性两种垫片组成。

被连接件由上板（20）、下板（11）和八角环（13）组成，八角环上贴有应变片组，测量被连接件受力的大小，中部有锥形孔，插入或拔出锥塞（12）可以改变被连接件系统的刚度。

加载部分由蜗杆（5）、偏心凸轮（6）、蜗轮（7）、挺杆（10）和弹簧（23）组成，挺杆上贴有应变片，测量所加工作载荷的大小，蜗轮轴上装有一个凸轮，挺杆支座通过凸轮滚子靠在凸轮的上顶面；蜗杆一端与电机相连，另一端装有手轮，启动电机或转动手轮使凸轮旋转，凸轮旋转一周，带动挺杆上、下运动一次，以达到加载、卸载的目的。

（四）数字电阻应变仪

（1）工作原理

电阻应变仪是利用金属材料的特性，将非电量的变化转换成电量变化的测量仪器，应变测量的转换元件——应变片，是用极细的金属电阻丝绕成或用金属箔片印刷腐蚀而成，用粘贴剂将应变片牢固地贴在试件上，当被测试件受到外力作用长度发生变化时，粘贴在试件上的应变片的金属丝长度也相应变化，应变片的电阻值也随着发生了 ΔR 的变化，这样就把机械量的变形转换成电量输出。测出电阻值的变化 $\Delta R / R$，就可以换算出相应的应变值 $\mu\varepsilon$，经过放大整理后变成数字输出，在应变仪上直接读取，故称为数字电阻应变仪。机械量转换成电量的关系，也就是电阻应变片的"应变效应"，用电阻应变的"灵敏度系数"来表示。

（2）操作说明图 5-4 所示，为数字电阻应变仪的操作面板，其主要功能有：

左窗口："通道"显示，在按"上翻"或"下翻"时显示被测通道的序号。右窗口："数据"显示，对应所选通道的当前数据。

上翻、下翻键：切换显示 1~4 通道。

清零键：螺栓预紧前须在通道 1~4 当前值置为零以保证电桥平衡，一般在实验前需要清零一次，以减少测量误差。

锁定键：在通道为 1~4 时将当前各通道数据锁定不变，以便观察和记录，在锁定状态时通道最左边一位显示"L"。

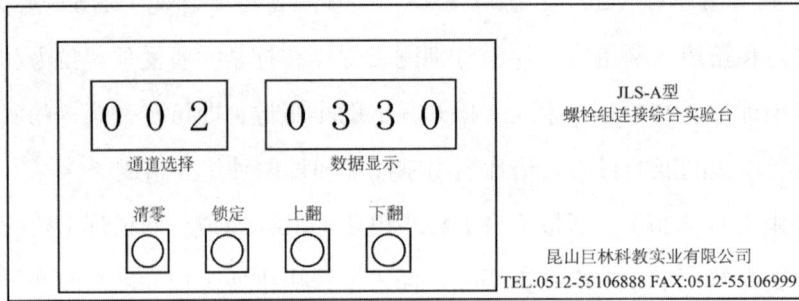

图 5-4 数字电阻应变仪面板

（五）电脑软件

（1）软件界面打开电脑，双击"螺栓实验台"直接进入螺栓实验界面，可以进行螺栓静态和动态的测试，系统上称为"螺栓动态Ⅰ"和"螺栓动态Ⅱ"。螺栓实验界面由图形显示区、采集区、参数设定区、工具栏组成。

螺栓的静态测试（系统上称为"螺栓动态Ⅰ"）界面。点击工具栏的"实验内容"，选取"螺栓动态Ⅰ"。界面的功能如下：

① "参数设定"区：在界面的右上角，有七个实验参数。需要输入螺栓的直径、长度和弹性模量。其中螺栓的直径、长度及弹性模量由实验螺栓决定；其余四个标定值由系统的结构性能决定，要求生产厂家在出厂前测试标定，提供给用户。

② "操作"区：操作区在界面的右下方，用于数据处理。

"采集"建立与应变仪的通信；

"采点"将当前数据记录下来；

"清空"对前面所有记录的数据清零；

"置零"通过电脑对应变仪的所有通道清零；

"画理论图"将"采点"的所有点的数据进行处理，并拟合成一条光滑的曲线；"打印"，将界面上的数据和曲线输出到文件或打印机。

③图形显示区：图形显示 $F-\lambda$ 应力变化情况，在界面的左边。

④数据显示区：在界面的右中部，可以读取应变测量值和计算结果。

（2）软件操作、点击操作区的"清空""采集"，等待界面上所有的数据稳定后，点击上图形区上"采点"，对实验数据进行电脑采集数据。在图形显示区上部的 $F-\lambda$ 区间，会显示一红一蓝两个点；其中红色点代表螺栓所受的拉应力，蓝色代表八角环所受的压应力，从点的横坐标可以初步估计它们的应变量。根据力的平衡条件，这两个力的大小应该是基本相等的，由于测量存在的误差及其他的一些因素，往往结果不一致，在图上看出它们不在一条水平线上。系统为方便调试，将八角环的压应变作为参考值，调整螺栓的拉应变标定值，来实现其测量值与八角环的压应力值一致。

采点完成后，点击"画理论图"，则在界面下部分图中显示出 $F—\lambda$ 应力变化曲线，红色代表螺栓拉应力的 $F—\lambda$ 曲线，蓝色代表八角环压应力的 $F—\lambda$ 曲线。

四、实验内容及步骤

（一）螺栓连接的静态实验

（1）实验准备：取出八角环上两锥塞，转动手轮，使挺杆处于最底端的卸载位置，手拧 M16 螺母至恰好与垫片组接触，螺栓不应有松动的感觉。调节应变仪，通过面板上的按键切换到相应的通道，然后按"清零"键，以保证电桥平衡，减小实验误差。

调节表架上的千分表，使千分表测量头分别与螺栓顶面和上板面（靠外侧）接触，用以测量连接件与被连接件的变形量。λ_1 为螺栓被拉伸的变形量，λ_2 为被连接件被压缩时的变形量。调整千分表，使小指针有 2~5 格的读数（0.2~0.5mm），同时调整大指针指向 0。

（2）施加预紧力用扳手预紧螺栓，注意观察两千分表的旋转方向及通道 4（螺栓的拉应变）的显示值，当螺栓拉应变为 80 时，取下扳手。

（3）调节标定打开电脑，进入螺栓实验台"螺栓动态Ⅰ"界面上。点击"采集"，等待数据稳定后，点击"采点"，观察图形区上的红、蓝两个点是否基本上在同一水平线上，若不在同一水平线，则要改变螺栓的拉应变标定值：

螺栓拉力标定值 = 螺栓拉应变 / 残余预紧力

然后点击"清空"，再点击"采点"，直到观察到红、蓝两个点基本上在同一水平线上。

（4）记录实验数据将此时相关的应变值、电脑计算的力值及千分表转过的格数记录于实验报告表 1 的加载前项目中。

（5）加载并记录数据转动手轮，转动四圈为加载一次，通过仪器、千分表和电脑软件观察测量数据的变化情况，并将数据记录在实验报告表 1 中。

注意，加载时手轮转动方向为面对手轮按顺时针方向旋转，加载过程切勿反转。

（6）卸载反时针转动手轮，使挺杆处于卸载状态，松开螺母。

（7）改变刚度，重复实验将两锥塞插入八角环中，改变支撑件的刚度，重复步骤（1）到（5），将实验数据记录在实验报告表 2 中。

（8）分析实验数据，完成实验报告。

（二）螺栓连接动载荷实验

在完成最后一次螺栓静态实验后，不要松开螺母，直接进入螺栓动态实验。注意，启动电机前一定要将手轮卸下，以免发生意外。

螺栓连　接动态特性实验，必须在应变仪与 PC 机联机的状态下进行，并运行螺栓实验测试系统软件，显示和记录各应力幅值的变化波形。（应变仪的调节同前所述）

（1）实心螺栓刚度

实验前一定要先拔下锥塞。打开电脑，进入螺栓实验台"螺栓动态Ⅱ"界面上。检查小螺母是否处于拧紧状态，确保空心螺栓成为实心。启动电机（或连续转动手轮），等电机稳定运行后，在界面"通道选择"上点取测点的应变通道，点击"清除"后，即可点击"继续采集"，可以看到在图形显示区上有一条连续的曲线，这就是测量点上应力幅值与工作载荷变化的曲线图，能直观地观察到螺栓，被连接件和工作载荷的瞬时应力变化。点击"暂停"，即可停止采集。

（2）增加被连接刚度，将锥塞插入八角环的锥孔中，启动电机（或转动手轮）使挺杆加载，观察软件记录的波形变化。

（3）减小螺栓刚度惇松开双头螺栓上的小螺母，使螺栓恢复空心状态，拧紧大螺母至预紧初始值，启动电机（或转动手轮）使挺杆加载，观察软件记录的波形变化。

（4）分析采用上述各种措施后所记录的波形，说明其效果。

（5）卸去各部分载荷，关闭仪器。

第二节　机械动态测试实验

一、机械系统动态性能测试案例

机械系统的动态特性是指机械系统本身的固有频率、阻尼比和对应于各阶固有频率的振型以及机械在动载荷作用下的响应。这些特性对于机械系统的动力学性质，动态优化设计、正常运行和使用寿命以及抑制振动和噪声等发挥着重要作用，因此如何准确地获得机械系统的动态性能至关重要。目前常用的机械系统动态性能分析方法有两种：一是理论分析法，二是实验分析法。其中实验分析法是指对机械系统进行激励（输入），通过测量与计算获得表达机械系统动态特性的参数（输出）的方法。

模实试验分析方法是常用的机械系统动态性能实验分析方法。根据激励形式的不同，模态实验分析的实现方法可以分为不测力（环境激励）法、锤击激励法和激振器激励法。其中，锤击激励法又分为单点拾振法和单点激励法两种；激振器激励法又分为单点激励多点响应法和多点激励多点响应法。在实验过程中，试件采用单点激励还是多点激励取决于试件被整体激振的难度。如果单点激励就可以测得试件上任意点的响应且响应幅度足够大，则采用单点激振即可，否则需要对试件进行多点激振。

锤击激励法是最简单常用的方法，它是利用安装有力传感器的"力锤"激励（击打）被实验试件，并利用传感器和数据采集系统测量被实验试件的响应（输出）信号，随后借助现代测试技术和计算机快速傅里叶变换，以脉冲实验原理和模态理论迅速求得结构模态参数的一种快速、简便、有效的方法。在锤击实验中，需要通过数据采集器同步测量激励信号和响应信号，对测量到的激励信号和响应信号进行传递函数分析和快速傅里叶变换，得到机械系统的频率响应函数，并最终计算出结构的动态特性。

力锤，又称手锤，是目前模态实验分析中经常采用的一种激励设备。它由锤帽、锤体和力传感器等几个主要部件组合而成。当用力锤敲击试件时，冲击力的大小与波形由力传感器测得并通过放大记录设备记录下来。因此，力锤实际上是一种手握式冲击激励装置。常用力锤的锤体重几十克到几十千克，冲击力可达数万牛顿。

力锤锤帽的材料不尽相同，使用不同材料的锤帽可以得到不同脉宽及频率响应范围的力脉冲，相应的力谱也不同。使用力锤激励结构时，要根据不同的结构和分析频带选用不同的锤帽材料。力锤的供应商标配的附件中通常提供四种不同材质的锤头：金属锤头（力锤上已安装的）、红色锤头（超软的橡胶锤头）、白色锤头（较硬的橡胶锤头）和黑色锤头（较软的橡胶锤头）。力锤锤帽越软，其频响的带宽越窄，锤击时能量就越集中于低频区域，适用于激励共振频率集中在低频区的结构，如汽车座椅等；而金属锤帽的频响带宽最宽，适合激励共振频率在较高频率区间的结构，如汽车的刹车片等。

下面以采用力锤锤击激励法测量汽车盘式制动器的固有频率为例，说明机械系统动态性能的测试。

1）激励方式的选择

由于盘式制动器属于小件试件，总体比较容易被激振，因此这里采用力锤单点激励。

2）激励力大小的选择与控制

激振力选择以能够激起比较明显的振动波形为宜，不可以过大，也不可以过小。过大的激振力一方面会引起盘式制动器的摇晃；另一方面会引起二次冲击，这都会对数据采集形成干扰，一些没有用的信号也会夹杂在所采集的数据中。激振力太小可能导致无法有效激起制动器振动，信号采集不充分可能会导致实验失败。在使用力锤进行实际激励过程中，可以通过更换锤帽、多次实验的方式得到有效的信号。

3）响应的测量

制动盘的模态实验采用单点激励多点拾振的方式。其中制动盘响应的测量采用加速度传感器实现。在盘式制动器外圈均匀布置四个加速度传感器，在内圈突出面上布置一个加速度传感器，使其能尽量表示盘式制动器形状并避开模态节点，同时应尽量减少加速度传感器数量，以避免加速度传感器质量对盘式制动器的影响。

4）盘式制动器的安装

模态分析中常用的试件安装方式有两种：一种方式是自由状态，即使得试件不与地面连接，自由地悬浮在空中。如用很长的柔性绳索将结构吊起或放在很软的泡沫塑料上而在水平方向激振。另一种方式是地面支撑状态，结构上有一点或者若干点与地面固结。被测试件安装方式的确定应考虑如下原则：试件的刚体模态从弹性体模态中合理完好地分离出来，刚体模态和弹性体模态之间应较少有模态重叠或耦合；确保实验设置对系统的弹性体模态没有影响。

在确定了激振方式、响应测量点以及结构支撑方式后，合理地选取力锤激励力的大小、加速度传感器和数据采集系统，即可实现盘式制动器的动态性能测试，通过数据采集器同步测量力锤激励信号和加速度传感器输出的响应信号，对测量到的激励信号和响应信号进行快速傅里叶变换后，便可得到系统的频响函数 FRF，即输出响应与激励力信号之比。

二、等强度悬臂梁动态应力电测实验

（一）实验设备

①等强度悬臂梁实验台。
② BZ6104 多功能信号采集分析仪。
③ BZ7201LAND_USB 数据采集与分析系统软件。

（二）实验内容

测量悬臂梁在冲击载荷作用下自由衰减过程中指定测点处的动态应变时程曲线。

（三）实验原理

1. 循环应力的概念

悬臂梁在承受冲击载荷后的振动过程若不计振幅的衰减，则测点处承受的应力类似于循环应力。循环应力是指随时间呈周期性变化的应力，变化波形通常是正弦波。应力的循环特征可用以下参数表示：

1）应力幅 σ_a 和应力范围 $\Delta\sigma$

$$\sigma_a = \frac{\Delta\sigma}{2} = \frac{\sigma_{\max} - \sigma_{\min}}{2}$$

式中：$\sigma_{\max}$，$\sigma_{\min}$ —循环应力的最大值和最小值。

2）平均应力 σ_m 和循环特性 r

$$\sigma_m = \frac{\sigma_{\max} + \sigma_{\min}}{2}$$

$$r = \frac{\sigma_{\min}}{\sigma_{\max}}$$

按照平均应力 σ_m 和循环特性 r 的相对大小，将循环应力分为以下四种典型情况：

①交变对称循环

$\sigma_m = 0$，$r = -1$。大多数轴类零件通常受到交变对称循环应力的作用，这种应力可能是弯曲应力，扭转应力或者是两者的复合。

②交变不对称循环

$0 < \sigma_m < \sigma_a$，$-1 < r < 0$。结构中某些支承件受到这种循环应力（大拉小压）的作用。

③脉动循环

$\sigma_m = \sigma_a$，$r = 0$。齿轮的齿根和某些压力容器受到这种脉动循环应力的作用。

④波动循环

$\sigma_m > \sigma_a$，$0 < r < 1$。飞机机翼下翼面，钢梁的下翼缘以及预紧螺栓等均承受这种循环应力的作用。

2. 等强度悬臂梁

工作中各横截面上的最大正应力 $\sigma_{\max}$ 都等于许用应力 $[\sigma]$ 的梁，称为等强度梁。由于一般情况下梁的各横截面承受的弯矩是不同的，因此，等强度梁一般是变截面梁。其截面变化规律为

$$W(x) = \frac{M(x)}{[\sigma]}$$

式中：$W(x)$—距梁端 x 处截面的抗弯截面模量；

$M(x)$—距梁端 x 处截面的最大弯矩；

[σ]——材料许用应力。

梁的内力分布与其约束形式紧密相关，研究如图 5-5 所示的矩形截面悬臂梁，右端为自由端，作用有集中力 P，假定该力使梁各横截面最大应力达到了许用应力值[σ]。考察距离自由端 x 处的截面 m—m，以右边隔离体为研究对象，由截面力矩平衡易得该截面承受弯矩 M=Px。由材料力学知识可知

$$[\sigma] = \frac{M(x)}{W(x)} = \frac{6Px}{b(x)h^2(x)}$$

欲使等强度悬臂梁具有最简单的形状，可令其厚度 h 为常数，仅改变其宽度，则

$$b(x) = \frac{M(x)}{W(x)} = \frac{6P}{h^2(x)[\sigma]} \bullet x$$

可知，等强度矩形截面悬臂梁的宽度 b 是沿其轴线、朝固定端方向线性增加的。若不改变宽度 b 而改变厚度 h，等强度悬臂梁将具有更复杂的形状，不利于加工。

3. 动态应变的测试方法

由于无法直接使用仪器测量应力，因此，线弹性范围内应力的测量是通过电测法测量应变，并结合胡克定律来测定的。如图 5-6 所示为电测法测量等强度悬臂梁表面轴向线应变的应变片布片示意图。测量动态应变的具体方法如下：

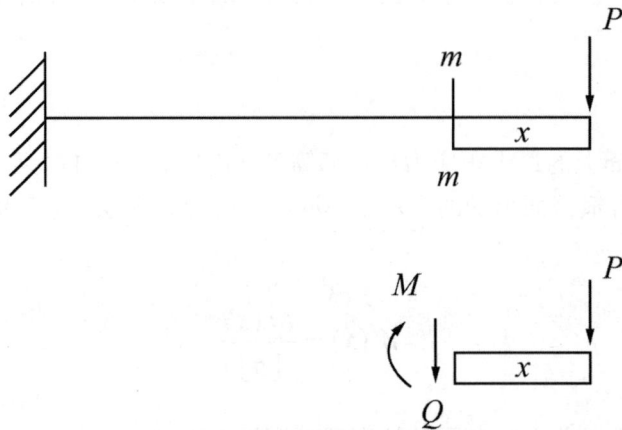

图 5-5　悬臂梁横截面内力分析

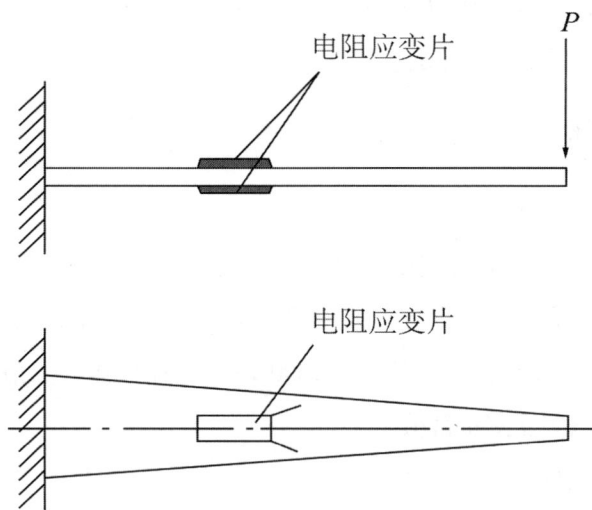

图 5-6　等强度悬臂梁布片示意图

1）利用电桥盒接线

接线方法有 1/4 桥、半桥和全桥接线。

2）信号标定

所谓信号标定，就是建立所测物理量（应变）与电阻应变仪输出电压之间的对应关系，即所测电压表示的物理量的值为多少，如 1V 对应的应变为 5.0×10^{-3}。信号标定可分为以下两步：

①校准调零

当被测量输入为零时，仪器的输出也应为零。如果不为零，则应进行零点校正，使在被测量输入为零时，仪器的输出也为零。

②比例调整

当输入信号较大或较小时，可利用"增益调节"和"灵敏度微调"旋钮进行调整。输入一定的被测量后，仪器输出一个预期的电压。如当输入应变为 2.0×10^{-3} 时，通过"增益调节"和"灵敏度微调"旋钮使输出电压为 4V。

③电桥平衡

由于电桥电阻和应变片的电阻值不可能完全一致，故在未加载时电桥盒就会有一定的电压输出。因此，必须首先按"平衡按钮"使电桥平衡，如果电桥还是不平衡，则继续调整"微调旋钮"使仪器输出为"零"。

④采集数据

由于已建立了线应变与应变仪输出电压之间的关系，即确定了标定系数，因此，当测

得动态应变的电压后，就可得到动态应变的值，即

所测物理量 = 所测电压 × 标定系数

（四）实验步骤

1. 安装驱动程序及应用程序。

2. 根据信号采集分析仪的使用说明书，将应变片按照"1/4 桥"方式接入电桥盒。具体操作方法请参阅多功能信号采集分析仪使用说明书动态应变测量部分。

3. 设置"转折频率"（采样频率）为 2000 Hz。具体操作方法请参阅多功能信号采集分析仪使用说明书动态应变测量部分。

4. 建立标定系数文件：

单击"建立标定系数文件"模块。

a. 设置量纲为"$\mu\varepsilon$"。

b. 设置标定系数为"500"。

c. 标定系数文件保存格式为"*.cal"。

5. 利用"高速数据采集"模块进行数据采集。

a. 设置采样频率和采样时间。

b. 设置采集开始通道和结束通道均为接线通道（1 通道或 2 通道）。

c. 单击"采集文件（存）"按钮，设置采集数据的保存路径（*.AD）。

d. 用榔头轻轻敲击等强度梁的末端，采集动态应变信号。

e. 选择前面创建的标定文件，单击"开始转换数据文件"按钮，把采集到的电压信号转换为应变信号；

6. 单击"绘采集曲线图"按钮绘制曲线。

a. 单击"曲线"按钮，输入转换后所得物理量的时域数据（*.TIM）。

b. 单击"显示图形"按钮，显示动态应变曲线。

（五）注意事项

1. 必须仔细阅读 BZ6104 多功能信号采集分析仪使用说明书（动态电阻应变仪使用方法部分）方可进行实验。

2. 实验前，应检查应变片及接线，不得有松动、断路或短路。

3. 用橡皮锤敲击悬臂梁时，不能用力过大，但也要有足够大的变形，确保应变信号具有较好的信噪比。

4.数据采集前，先单击"平衡"按钮，使电桥盒的输出不平衡得到补偿。应变标定后，应变仪所有旋钮勿再扳动。

5.电桥盒与仪器连接时，必须先关闭信号采集分析仪电源开关。

三、回转构件的动平衡实验

（一）实验目的

1.巩固动平衡原理；

2.掌握在共振式动平衡机上进行回转构件平衡的基本技术。

（二）实验设备和工具

共振式动平衡机、试件、天平、平衡重量、量角器、圆规、三角板（学生自备）。

（三）平衡分类

平衡分类为机构静平衡——机构合惯性力在机架上的平衡，机构动平衡——机构合惯性力和合惯性力矩在机架上的平衡，挠性转子平衡——大跨度、大质量、小直径，高速旋转产生较大的弯曲变形，使惯性力显著增加（如航空发动机、大型电机转子），刚性转子静平衡—惯性力平衡（不平衡质量分布在同一平面内 $D/b >5$），刚性转子动平衡——惯性力和惯性力偶矩平衡（不平衡质量分布在同若干平行平面内 $D/b<5$），D—转子直径，b——转子宽度。

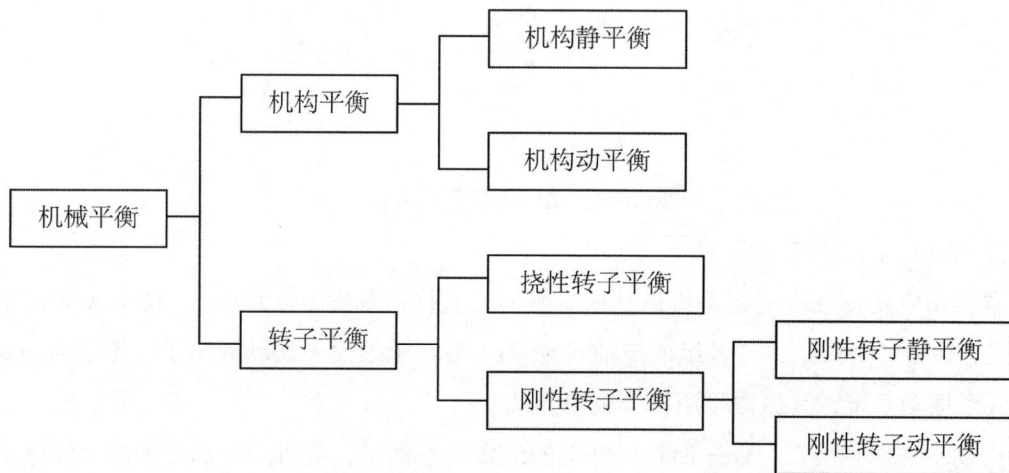

图 5-7

（四）平衡测试基本原理

挠性转子平衡属专题研究课题，机构平衡在理论课学习已进行讨论，本实验仅针对刚性转子平衡。

1.刚性转子静平衡实验

图 5-8（a）刀口式静平衡仪　图 5-8（b）滚动式静平衡仪

实验方法如下：被平衡转子放置在静平衡仪上，轻轻转动，若转子不平衡，则转子将在质心处于下方时静止。由于转子轴与滚轮或刀口间不可避免地存在摩擦，故质心不处于正下方，可按下述方法测得不平衡质心方向。

按图 5-9（a）转动方向，静止后，作垂线，质心必位于垂线右边。再按图 5-9（b）转动方向，静止后，作垂线，质心必位于垂线左边。作两线夹角的角平分线，如图 5-9（c）所示，则质心在角平分线上。可在质心方向去重或其对称方向加重，使其平衡。当轻轻转动，能在任意位置都能处于静止状态，则转子平衡。

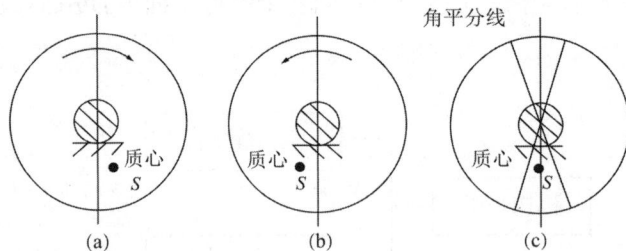

图 5-9　静平衡实验方法

2.刚性转子动平衡实验

本实验室所用动平衡机是机械共振式平衡，其构造如图 5-10 所示。其中 A 为待平衡的转子，B 为一个框架；二者组成绕轴线 0—0（垂直于纸面）摆动的振子。振子与弹簧 C 组成一个振动系统，其振幅可用百分表 D 测得。

由动平衡原理可知，任一回转构件上的诸多不平衡重，都可用分别处于两个任选平面 Ⅰ—Ⅰ、Ⅱ—Ⅱ内（称为平衡基面）回转半径分别为 r_{I} 与 r_{II} 两个不平衡重 Q_{I} 与 Q_{II} 来代替。

只要能平衡掉这两个等效不平衡重，则该转子即达到动平衡。

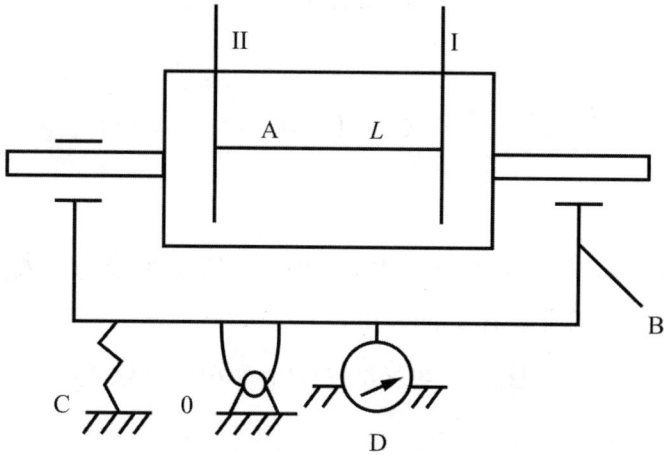

图 5-10　机械共振式平衡

如何确定此二等效不平衡重径积 Q_Ir_I 和 $Q_{II}r_{II}$ 的大小和方位，然后加上（或减去）相应的平衡重径积使转子达到平衡，就是本实验所要解决的问题。

当转子 A 在框架 B 上回转时，二等效不平衡重分别产生二等效离心惯性 P_I 与 P_{II}；在力矩 P_IL 的作用下将引起振动系统的受迫振动（P_{II} 与包含 0—0 轴的平面 II—II 内，故不影响振子绕 0—0 轴的振动）。当转子的角频率接近系统的自振频率时，即达到共振，振幅最大。由微振原理得知共振振幅与干扰力矩的幅值成正比。即共振振幅

$$A_I \infty Q_{1/g} \cdot r_1 \omega_K^2 L$$

式中：ω_K 为共振时转子的角速度，即振动系统的自振角频率。对于一定的系统，它是一个定值，g 和 L 亦是定值。

上式可表示为：　$A_I = \mu Q_I r_I$　（5-1）

式中：μ——比例系数。

重径积 Q_Ir_I，是一个向量，其方向与重量 Q_I 在此位置的向径 r_I 一致；振幅 A_I 也是一个向量；它滞后于相应的不平衡重径积 Q_Ir_I 一个 X 角。在式（5-1）中，振幅 A_I 的大小用百分表指针摆动格数表示可读得。

若求得系数的值，则可为算出 Q_Ir_I 的大小。为了求得值并确定 Q_Ir_I 的方位；在 I—I 平面上任选一方位，其向径为 $r_{试}$ 之处加上一个已知试重 $Q_{试}$；然后再测系统的振幅 A_2，显然这个振幅 A_2 是由 $Q_Ir_I+Q_{试}r_{试}=Q_{II}r_{II}$ 重径积所引起的。

$$A_2 = \mu Q_{II} r_{II} = \mu(Q_{II} r_I + Q_{试} r_{试}) = \mu Q_I r_I + Q_{试} r_{试}$$

设以 $A_{试}$ 表示相应于实验重径积 $Q_{试}r_{试}$ 的振幅：

$$A_{试} = \mu Q_{试} r_{试}$$

$$A_2 = A_1 + A_{试}$$

$$\text{（5-2）}$$

把同一试重在平面 Ⅰ—Ⅰ 内掉过去时 $180°$ ，所在半径为 $\rightarrow r_{试}$ 处；又可测得在 $Q_1 r_1 + Q_{试}(-r_{试}) = Q_m r_m$ 作用下的相应振幅 A_3 的大小。

$$A_3 = \mu Q_m r_m = \mu(Q_1 r_1 - Q_{试} r_{试}) = \mu Q_1 r_1 - Q_{试} r_{试}$$

由此得：

$$A_3 = A_1 - A_{试}$$

$$\text{（5-3）}$$

将式（5-2）代入式（5-3）得：

$$2A_1 = A_2 + A_3$$

$$\text{（5-4）}$$

因为各振幅 A_1、A_2 A_3 的大小可测得（三种情况下的百分表指针摆动格数）。再利用它们之间应符合式（5-4）关系，即可作出 A_1、A_2 A_3 的矢量封闭多边形，如图 5-5 所示。

取振幅比例尺 μ_A（格/mm）任作一线 $AB = 2A_1 / \mu_A$。以 A 为圆心，以 $A_3 \mu_A$ 为半径作弧；以 B 为圆心，以 $A_3 \mu_A$ 为半径作弧；两弧交点为 C（或 C'）；连 AC（AC'）和 BC（BC'）。根据 $2A_1 = A_2 + A_3$ ，可得：

$$AB = AC + CB \text{（或AB=AC'+BC'）}$$

取 AB 中点 D；则 $AD = DB = A_1 / \mu_A$

由 $A_2 + A_1 + A_{试}$ 及 $A_3 = A_1 - A_{试}$ ，可知 DC 代表 $A_{试}$ ；可计算出 $A_{试}$ 的大小如下：

$$A_{试} = DC \cdot \mu_A \text{（或} A_{试} = DC' \cdot \mu_A\text{）}$$

由 $A_{试} = \mu Q_{试} r_{试}$ 可得：

$$\mu = A_{试} / Q_{试} r_{试}$$

$$\text{（5-5）}$$

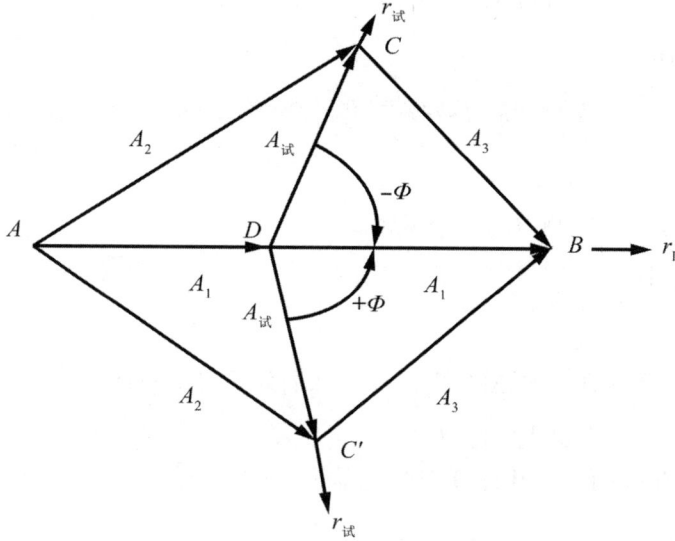

图 5–11

由 $Q_{\mathrm{I}}r_{\mathrm{I}}$ 此的大小可求得：

$$Q_{\mathrm{I}}\mathbf{r}_{\mathrm{I}} = A_1 / \mu = AD \cdot \mu_{\mathrm{A}} / (DC \cdot \mu_{\mathrm{A}} / Q_{\text{试}}r_{\text{试}}) = (AD / DC) \cdot Q_{\text{试}} \cdot r_{\text{试}}$$

由于各个振幅 A_1、A_2、A_3、$A_{\text{试}}$ 对于其相应的重径积 $Q_{\mathrm{I}}r_{\mathrm{I}}$、$Q_{\mathrm{II}}r_{\mathrm{I}}$、$Q_{\mathrm{III}}r_{\mathrm{I}}$、$Q_{\text{试}}r_{\text{试}}$ 滞后同一角度 α。所以各振幅之间的相对方位关系与各相应重径积之间的相对方位完全相同。

由图 5–11 可知 A_1，$A_{\text{试}}$ 与的夹角为 $+\phi$（或 $-\phi$），ϕ 值可在图 5–11 中用量角器量得。所以 $Q_{\mathrm{I}}r_{\mathrm{I}}$ 方位与 $Q_{\text{试}}r_{\text{试}}$ 方位的夹角也为 $+\phi$（或 $-\phi$）。因 $r_{\text{试}}$ 方位已知，故可知 r_{I} 方位，在 $r_{\text{试}}$ 方位逆时针（或顺时针）方向转过 ϕ 角的位置，它的对称位置（在回转面内再转 180°）即为安装平衡重 $Q_{\text{平}}$ 的方位 $Q_{\text{平}}$。

平衡重 $Q_{\text{平}}$ 的大小计算为：

$$Q_{\text{平}} = Q_{\mathrm{I}}r_{\mathrm{I}} / \mathbf{r}_{\text{平}} = (AD / DC) \cdot (r_{\text{试}} / \mathbf{r}_{\text{平}}) \cdot Q_{\text{试}}$$

本实验机 $r_{\text{平}} = r_{\text{试}}$，$r$=50mm，则：

$$Q_{\text{平}} = (AD / DC) \cdot Q_{\text{试}} \tag{5-6}$$

取下 $Q_{\text{试}}$ 在 $r_{\text{平}}$ 位置上，安装 $Q_{\text{平}}$，则转子在 I—I 平衡基面的偏重 Q_1（$r_{\text{平}}$ 的两个可能的位置，用试探法确定其正确位置。方法是：装上 $Q_{\text{平}}$ 之后，检查系统的共振振幅，若明显减小表示 $Q_{\text{平}}$ 的位置正确）。

平衡后理想情况是不再振动，但实际上由于各方面的误差仍会残留较小的残余不平衡

重径积 $(Q_r)_{余}$。该值在一定程度上反映了平衡精度在 $(Q_r)_{余}$ 大于平衡机的灵敏度时，则相应的重径积可按下式决定：

$$(Q_r)_{余} = (A_{余} / A_{试}) \cdot Q_{试} / r_{试} \qquad (5-7)$$

式中：$A_{余}$—加上 $Q_{试}$ 后测得的残余振幅。

（五）实验步骤

1. 转动转子，直到其转速达到 ω_k 以上，然后让其自由回转。

2. 观察百分表，记下最大振幅 A_1。

3. 重复 1、2 步骤两次，并计算三次测得的 A_1 的平均值。

4. 在转子的平衡面上任选一个方便的位置加上 Q_4；并重复步骤 1、2 三次，计算出的平均值。

5. $Q_{试}$ 掉过 180° 安装，并重复 1、2 步骤三次计算 A_3 的平均值。

6. 取振幅比例尺 μ_A（格 /mm），作出振幅封闭多边形（图 5-5）；按式（5-5）算出 μ 及按式（5-6）算出 $Q_{平}$；量出 ϕ 角大小。

7. 在第二次试重安装位置（$-r_{试}$ 位置）起沿逆（顺）时针方向转过 ϕ 角加上 $Q_{平}$；重复步骤 1、记下 $A_{余}$。

8. 按式（5-7）计算 $(Q_r)_{余}$。

思考与练习

1. 动态应力测量过程中的干扰来源是什么？可采取哪些措施抑制干扰？

2. 采用在上下表面对称布片的方式测量等强度悬臂梁的动态应力有何好处？

3. 实验法适用于哪些类型的转子，转子经动平衡后是否满足静平衡要求？为什么？机械的平衡有哪些分类，平衡的目的是什么？

4. 对刚性转子，在什么情况下采用静平衡？什么情况下采用动平衡？其平衡的方法有何不同？

5. 对动不平衡刚性转子，为什么可以在所选定的两个平面上，通过加重或去重的方法实现刚性转子的动平衡？

6. 为什么要确定刚性转子的许用不平衡精度？如何确定？

第六章　机械创新设计实验

创新是人类的一种思维和实践方式。创新实践活动是人类各种实践活动中最复杂、最高级的，是人类智力水平高度发展的表现。在创新实践中，人类运用已有的知识、经验、技能，研究新事物，解决新问题，产生新的思想及物质成果，用以满足人类物质及精神生活的需求。

设计是人类社会最基本的生产实践活动之一，是人类创造精神财富和物质文明的重要环节，创新设计是技术创新的重要内容。工程设计是工业生产过程的第一道工序，产品的功能是通过设计确定的，设计水平决定了产品的技术水平和产品开发的经济效益，产品成本的75%～80%是由设计决定的。

创新是设计的本质特征。没有任何新技术特征的技术不能称为设计。设计的创新属性要求设计者在设计过程中充分发挥创造力，充分利用各种最新的科技成果，利用最新的设计理论做指导，设计出具有市场竞争力的产品。[①]

第一节　创新思维训练

一、创造型思维的形成与发展

（一）创造性思维的形成过程

创造性思维的形成大致可分为四个阶段。

1. 酝酿准备阶段

"酝酿准备"是明确问题、收集相关信息与资料，使问题与信息在头脑及神经网络中留下印记的过程。大脑的信息存储和积累是激发创造性思维的前提条件，存储信息量越大，激发出来的创造性思维活动也就越多。

在此阶段，创造者已明确了自己要解决的问题。在收集信息的过程中，力图使问题更

---

① 李助军. 机械创新设计及其专利申请 [M]. 广州：华南理工大学出版社，2020.

概括化和系统化，形成自己的认识，弄清问题的本质，抓住问题的关键所在，同时尝试和寻求解决问题的方案。

任何发明创造和创新结果都有准备阶段，有的时间长些，有的时间短些。若问题简单，可能会很快找到解决问题的办法；若问题复杂，可能要经历多次失败的探求；当阻力很大时，则中断思维，但潜意识仍在大脑深层活动，等待时机。

2. 潜心加工阶段

在获得并占有一定数量的与问题相关的信息之后，创造主题就进入尝试解决问题的创造过程：人脑的特殊神经网络结构使其思维能进行高级的抽象思维和创造性思维活动。在围绕问题进行积极思索时，人脑对神经网络中的受体不断地进行能量积累，为产生新的信息积极运作。在此阶段，人脑将人的知觉、感受和表象提供的信息进行融汇、综合，创造和再生新的信息，具有超前性和自觉性。相对而言，人的大脑皮层的各种感觉区、感觉联系区、运动区只是人脑神经网络中的低层次构成要素，通过特殊的神经网络结构进行高级的思维，从而使创造性思维成为一种受控的思维活动。潜意识的参与是这一阶段思维的主要特点。一般来说，创造不可能一蹴而就，但每一次挫折都是成功创造的思维积累。有时候，由于某一关键性问题久思得其不解，从而暂时地被搁置在一边，但这并不是创造活动的终止，事实上人的大脑神经细胞在潜意识指导下仍在继续朝着最佳目标进行思维，也就是说创造性思维仍在进行。

潜心加工阶段还是使创造目标进一步具体化和完善的阶段。创造准备阶段确定下来的某些分目标可能被修正或被改换，有时可能会发现更有意义的创造目标，从而使创造性思维向更为新颖和有意义的目标行进。

3. 顿悟阶段

顿悟一词在佛教和道教中运用最广，常带有神秘的色彩。佛祖释迦牟尼曾是过着豪华生活的王子，在经历百千磨难后，一日在菩提树下顿悟，"立地成佛"。老子在俗世中过了大半辈子，有那么一日也忽然顿悟，口诵《道德经》，骑着大青牛，西出函谷关飘然而去，成了道家的祖师。

顿悟是指人脑有意无意地突现某些新形象、新思想、新创意，使一些长期悬而未决的问题一念之下得以解决的现象。顿悟其实并不神秘，它是人类高级思维的特性之一。该阶段的作用机制比较复杂，一般认为是与长期酝酿所积蓄的思维能量有关，这种能量会冲破思维定式和障碍，使思维获得开放性、求导性、非显而易见性。但从脑生理机制来看，顿悟是大脑神经网络中的递质与受体、神经元素的突触之间的一种由于某种信息激发出的由量变到质变的状态及神经网络中新增的一条通路。进入此阶段，创造主体突然间被特定的情景下的某一特定启发唤醒，创造性的新意识蓦然闪现，多日的困扰一朝排解，问题得以顺利解决，这种喜悦难以名状，只有身在其中的创造者才有幸体验。顿悟是创造性思维的重要阶段，客观上它有赖于在大量信息积累基础上的长期思索和重要信息的启示，主观上是由于创造主体在一阶段时间里没有对目标进行专注思索，从而使无意识思维处于积极活动状态，这时思维的范围扩大，多神经元间的联系范围扩散，多种信息相互联系并相互影响，从而为"新通道"的产生创造了条件。

历史上许多重大发明都是"顿悟"产生的成果。

凯库勒是德国有机化学家，据说他在研究有机化学结构时，闭着眼睛能想象出各种分子的立体结构。他已经清楚测定出：苯分子是由6个碳原子和6个氢原子组合而成的，但这些原子又是以什么方式组织起来的呢？1865年圣诞节后的一天，凯库勒试着写出了几十种苯的分子式，但都不对。他困倦了，躺在壁炉旁的靠椅上迷迷糊糊地睡着了。"那是什么？"他眼前的6个氢原子和6个碳原子连在了一起，仿佛一条金色的蛇在舞蹈，不知出于什么缘故，蛇被激怒了，它竟然狠狠地一口咬住了自己的尾巴，形成了一个环形，然后就不动了，仔细一看，又好像是一只熠熠生辉的钻石戒指。这时，凯库勒醒了，发现原来这不过是一个奇怪的梦，梦中看到的环形排列结构还依稀记得，凯库勒立即在纸上写下了梦中苯分子的环状结构。有机化学中的重要物质苯的分子结构式就这样以在梦中顿悟的形式下得到了解决。

4. 验证阶段

创造性思维不仅注重在形式上标新立异，而且在内容上也要求精确可靠，所以还需要实践的验证。

（二）创造性思维的培养与发展

虽然每个人均具有创造性思维的生理机能，但一般人的这种思维能力经常处于休眠状态。生活中经常可以看到，在相似的主客观条件下，一部分人积极进取、勤奋创造、成果累累，一部分人惰性十足、碌碌无为。学源于思，业精于勤。创造的欲望和冲动是创造的动因，创造性思维是创造中攻城略地的利器。创造欲望需要有意识地培养和训练，需要营造适当的外部环境刺激予以激发。

1. 潜创造性思维的培养

潜创造性思维的基础是知识，人的知识来源于教育和社会实践。由于受教育的程度和社会实践经验的不同，人的文化知识、实践经验知识存在很大差异，即人的知识深度、广度不同，但人人都有知识，只是知识结构不同。也就是说，人人都有潜创造力。普通知识是创新的必要条件，可开拓思维的视野、扩展联想的范围。专门知识是创新的充分条件，专门知识与想象力相结合，是通向成功的桥梁。潜创造性思维的培养就是知识的逐渐积累过程。知识越多，潜创造性思维活动越活跃，所以学习的过程就是潜创造性思维的培养过程。

2. 创新涌动力的培养

存在于人类自身的潜创造力只有在一定的条件下才能释放出能量。这种条件可能来源于社会因素或自我因素。社会因素包括工作环境中的外部或内部压力；自我因素主要是强烈的事业心；二者的有机结合，构成了创新的原动力。所以，塑造良好的工作环境和培养强烈的事业心是出现创新原动力的最好保证。

二、常用创新技法

创新设计方法是机械设计方法的重要组成部分，是以创新思维为基础，以打破传统思维习惯为基本出发点，经过一定时间的总结和考验，克服各种因思维定式和阻碍创造性设想而产生的消极心理状态，并贯穿于机械设计的整个过程，是提高产品设计水平以及增强产品竞争能力的根本措施和有力手段。创新设计方法的运用相当重要，尤其是在产品的功能原理方案设计阶段，可以获取各种原理方案，从而设计出更多、更好的新产品。

机械创新方法在设计创新过程中得到成功实践应用，目前已有 360 余种创新技法，下面就六种常用的方法进行介绍。

（一）智力激励法

智力激励法（brain stormimg）也可称为头脑风暴法，是由美国 A.F. 奥斯本于 1939 年创立的。也可以说是一种典型的群体集智法，其通过对某个问题进行讨论，畅所欲言、相互启发，增加了联想的机会，使创造性思维产生共振反应、连锁反应和杂交反应，从而出现更多的创造性设想。

智力激励法具有四项原则：自由思考原则、推迟评判原则，以量求质原则，集成原则。主要包括以下两种方法：

1. 激智会法

激智会法的实施是通过召开智力激励会。其过程一般为：明确会议主题并确定参会人选，经过一段时间的准备，召开会议，营造一种高度激励的氛围，能够使与会者放松心情，发散思维，从而提出自己的新思路、新设想、新方法，与会者之间相互讨论，弥补自身知识的不足，并能够相互鼓励，有利于提出有价值的设想与方案，通过分析讨论，评价整理，使得设想方案能够付诸实施。

2. 书面集智法

书面集智法是以笔代口的默写式智力激励法。这一智力激励法规定：每次会议由 6 个人参加，每人在 5min 内提出 3 个设想，所以它又称"653 法"。这是由于每个人的思维方式是不同的，自身的思考习惯或许与他人有所冲突，或者条件不允许，而书面集智法则一定程度上弥补了这些缺陷。

（二）类比创新法

类比创新法是对两类事物进行比较并加以逻辑推理，即比较两者之间的相似或不同之处，通过同中求异或异中求同的方法从而实现创新的一种技法。在机械创新设计中主要采用以下三种类比方法：

1. 直接类比法

直接类比法是通过寻找与创新对象相类似的事物或现象，并将两者相比较，从而设计出新的产品。直接类比法简单、迅速，具有可直观性。类比对象的本质特征相似程度越高，产品创新的成功率也就越高。例如，打算创新设计香皂包装机，就可以与已有的图书包装机类比，将二者异同点进行深入分析来进行香皂包装机的创新。

2. 拟人类比法

拟人类比法是在创造活动过程中，常将创造的对象加以"拟人化"，就是使创造对象"拟人化"，通过领悟两者之间的相通之处，能够自我进入"角色"，发现问题，从而产生共鸣，并深化创新思维。举例来说，想创新设计医用卷棉机，可以先对人手卷棉花的动作过程进行分解，拟定如何用机械动作来完成机械卷棉过程。

3. 幻想类比法

幻想类比法是在创新思维中通过幻想或形象的事物类比创新对象。幻想类比法通过一步步的比较分析，得到合适的部分，从而设计出新产品。幻想类比的能动性使"幻想变为现实"，有助于实现创新对象。"嫦娥奔月"的神话故事在一定程度上激发了人们对月亮的想象，推动了登月、探月计划的实现。科幻电影中的宇宙飞船、高科技武器，以及外太空家园的情节，也许会由幻想变为现实。

（三）组合创新法

组合创新作为产品创造的一种重要方法，是将现有的科学技术原理、现象、产品或方法组合起来，从而获得具有更高价值新产品的创新方法。组合是任意的，各种各样的事物要素都可以进行组合。组合创新法根据组合的内容可以分为功能组合、类别组合、技术组合等。

1. 功能组合法

将各种机械产品的功能组合在一起，从而获得新的产品。成对组合可产生新的组合，通过组合排列得到的各种创新的成果。

2. 类别组合法

类别组合法是将相关产品进行组合得到具有较强综合性的多功能创新产品。例如我们将洗衣机和脱水机组合在一起，研究出了方便快捷的全自动洗衣机，将数码相机与手机融为一体研制出拍照功能强大的智能手机，等等。

3. 技术组合法

技术组合法是将不同的科学技术组合形成新的产品。例如，将机械技术与电子技术、传感技术、控制技术、计算机技术组合起来产生各种机电一体化的产品；将 X 射线照相装置与计算机组合在一起产生了 CT 扫描仪；将金属切削技术与数控技术组合产生了各种数控机床。

（四）联想类推法

联想类推法是通过启发、类比、联想、综合等方法创造出新的想法来解决问题。主要包括以下三种方法：

1. 相似联想法

推理时通过相似联想进行，找寻创造性的解法。例如河蚌育珠的启示，于牛胆中埋入他物，使得牛因刺激产生胆结石而得到名贵药材牛黄。又如，通过针刺法这一直接刺激人穴位的方法，得到被刺疗法这种不直接接触皮肤而达到刺激穴位的尖端放电的方法。

2. 抽象类比法

用抽象反映事物本质的类比方法拓展思路，寻找答案。例如想发明开罐头的新方法，就可以先锁定"开"这一概念，列举各种"开"的方法，如打开、撕开、拧开、拉开等，从中寻找对开罐头有启发的方法。

3. 仿生法

通过仿生学对生物的某些特殊结构和功能进行分析和类推，启发产生新的想法和创造性方案。仿生法是现代发展新技术的重要途径之一，例如，在技术设计中，飞机构件中的蜂窝结构、响尾蛇导弹的引导系统等，皆是应用实例。

（五）移植创新法

将某一领域的原理、结构、方法、材料等移植到新的领域之中，从而产生新的产品，这种方法称为移植创新法。

移植法可以说是一种广泛应用的创造技法。美国科学家 W.T. 贝伟里奇认为："移植这种方法大多数的发现都可应用于所在领域以外的领域。而应用于新领域时，往往有助于促成进一步的发现。重大的科学成果有时来自移植。"这在一定程度上可以认为是通过相似联想、相似类比，触发灵感，两种事物之间存在一定的联系，从而产生新的构想。移植法有以下四大类型：

1. 原理移植

将某种科学原理推广和延伸到新的领域，创造出新的技术产品。将现有事物有目的地研究和利用其原理功能，开发新领域或新用途，是技术创新活动的不竭源头。因为一经发现或开辟，只要赋予新的结构或新的材料、新的制造工艺，就会发明创造出新的产品。

2. 结构移植

技术创新活动中不实质性的改进某种产物的结构，就用在其他产物的设计、改造、革新和发明上，称之为结构移植。

3. 方法移植

方法移植就是将制造和使用方法从一个领域移植到另一个领域中去的发明技法。科学研究每提出一种新的理论，技术创造完成一项新的发明，都伴随着方法上的更新与突破。

4. 材料移植

物质材料不加改变、添加某种物质或者进行处理后，移用到其他领域或物品上创造新的使用价值和功能，这就是材料移植。

（六）5W 1H 提问法

这是由美国创造学家发明的一种创造技法，由 6 个问题构成一条思路。即 Who（谁）、When（何时）、Where（何处）、What（什么）、Why（何故）、How（怎样）。六个英文词汇的首位字母编写为 5W1H，由此出发进行思考，所以称之为 5W1H 提问法。

5W1H 中的六要素包括了任何一个事件所需要的要素。现有事物如果可以经受住六个方面的提问，则可认为此事物比较完善。相反，如果答复令人不满意则说明仍存在不足之处，哪一方面的答复有问题就从哪一方面着手完善。如果某一提问的答复有独到之处，则表明这一思路具有创造性。

5W1H 中六个问题的具体内容，视具体问题而定。比如说 Who 既可以指人也可以指某项产品或某个事件。该方法的运用要点：一是确定实施5W1H法的对象；二是按5W1H的六要素逐个分析，分析时将5W1H中的要素具体化；三是提出疑问，这是能否实现创造的关键；四是寻找改进措施或新设想。

三、创新实例分析

（一）新型内燃机的开发

动力机械是近代人类社会进行生产活动的基本装备之一。发动机为机械提供原动力。动力机械中的燃气机按其工作方式分为内燃机和外燃机两大类。自19世纪60年代第一台实用的内燃机诞生以来，它已发展了多种形式，在国民经济各部门和国防工业中得到广泛的应用。

本案例就新型内燃机开发中的一些创新思路做简单分析。

1. 往复式内燃机的技术矛盾

目前应用最广泛的往复式内燃机由汽缸、活塞、连杆、曲轴等主要机件和其他辅助设备组成。

活塞式发动机的主体是曲柄滑块机构（见图6-1）。它利用气体燃爆使活塞1在汽缸3内往复移动，经连杆2推动曲轴4做旋转运动，输出转矩。进气阀5和排气阀6的开启由专门的凸轮机构控制。

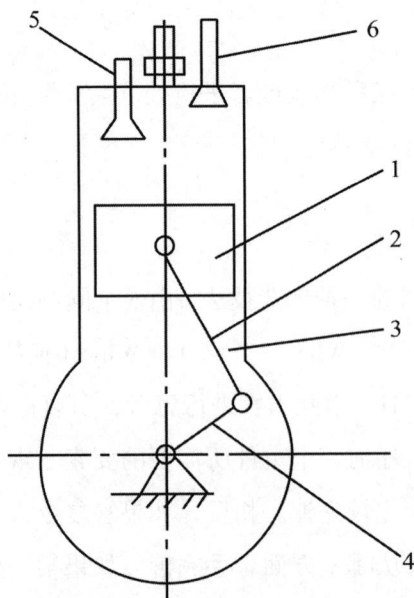

图6-1　活塞式发动机

活塞式发动机工作时具有吸气、压缩、做功（燃爆）、排气四个冲程，如图 6-2 所示，其中只有做功冲程输出转矩，对外做功。

这种往复式活塞发动机存在以下明显的缺点：

（1）工作机构及气阀控制机构组成复杂，零件多。曲轴等零件结构复杂，工艺性差。

（2）活塞往复运动造成曲柄连杆机构较大的往复惯性力，此惯性力随转速的平方增长，使轴承上惯性载荷增大，系统由于惯性力不平衡而产生强烈振动。往复运动限制了输出轴转速的提高。

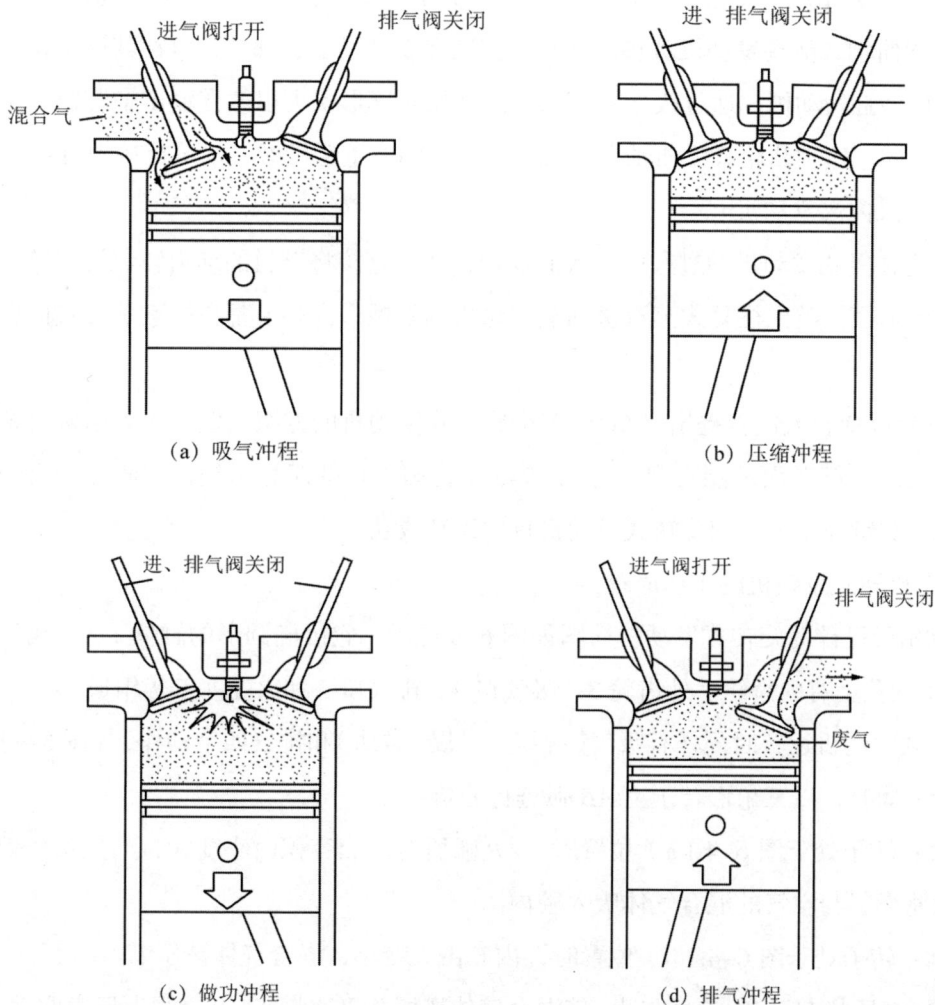

（a）吸气冲程　　　　　　　（b）压缩冲程

（c）做功冲程　　　　　　　（d）排气冲程

图 6-2　活塞式发动机的四个冲程

（3）曲轴回转两圈才有一次动力输出，效率低。

现在的问题，引起人们改变现状的愿望，社会的需要，促进产品的改造和创新。多年来，在原有发动机的基础上不断开发了一些新型的发动机。

2. 无曲轴式活塞发动机

无曲轴式活塞发动机用凸轮机构代替发动机原有的曲柄滑块机构。取消原有的关键件曲轴，使零件数量减少，结构简单，成本降低。

日本名古屋机电工程公司生产的二冲程单缸发动机采用无曲轴式活塞发动机，其关键部分是圆柱凸轮动力传输装置。

一般圆柱凸轮机构是将凸轮的回转运动变为从动杆的往复运动，而此处利用反动作，即活塞往复运动时，通过连杆端部的滑块在凸轮槽中滑动而推动凸轮转动，经输出轴输出转矩。活塞往复两次，凸轮旋转 360°。系统中设有飞轮，控制回转运动平稳。

这种无曲轴式活塞发动机若将圆柱凸轮安装在发动机中心部位，可在其周围设置多个汽缸，制成多缸发动机。通过改变圆柱凸轮的凸轮轮廓形状可以改变输出轴转速，达到减速增矩的目的。这种凸轮式无曲轴发动机已用于船舶、重型机械、建筑机械等行业。

3. 旋转式内燃发动机

在改进往复式发动机的过程中，人们发现，如能直接将燃料的动力转化为回转运动将是更合理的途径。类比往复式蒸汽机到蒸汽轮机的发展，许多人都在探索旋转式内燃发动机的建造。

1910 年以前，人们曾提出过 2000 多个旋转式发动机的方案，但大多因结构复杂或无法解决汽缸密封问题而不能实现。直到 1945 年德国工程师汪克尔经长期研究，突破了汽缸密封这一关键技术，才使旋转式发动机首次运转成功。

（1）旋转式发动机的工作原理

汪克尔所设计的旋转式发动机简图如图 6-3 所示，它由椭圆形的缸体 1、三角形转子 2、（转子的孔上有内齿轮）外齿轮 3、吸气口 4、排气口 5 和火花塞 6 等组成。

旋转式发动机运转时同样有吸气、压缩、燃爆（做功）和排气四个动作，如图 6-4 所示。当转子转一周时，以三角形转于上 AB 弧进行分析：

吸气：转子处于图 6-4（a）位置时，AB 弧所对内腔容积由小变大，产生负压效应，由吸气口将燃料与空气的混合气体吸入腔内。

压缩：转子处于图 6-4（b）位置时，内腔由大变小，混合气体被压缩。

燃爆：高压状态下，火花塞点火，使混合气体燃爆并迅速膨胀，产生强大压力驱动转子，并带动曲轴输出运动和转矩，对外做功。

排气：转子由图 6-4（c）位置至图 6-4（d）位置，内腔容积由大变小，挤压废气由排气口排出。

由于三角形转子有三个弧面，因此每转一周有三个动力冲程。

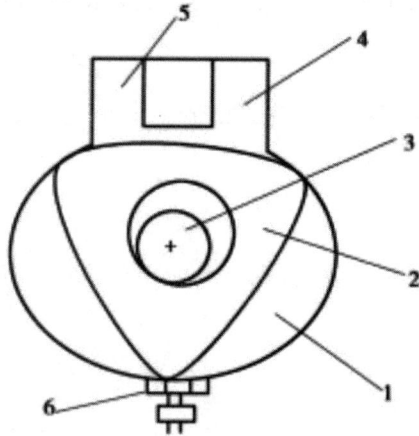

图 6-3　旋转式发动机简图

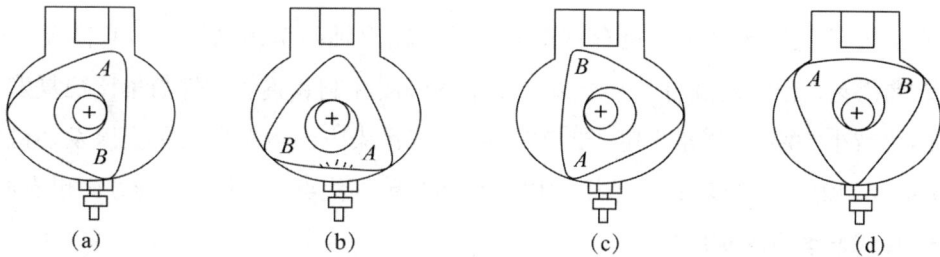

（a）　　　　　　　（b）　　　　　　　（c）　　　　　　　（d）

图 6-4　旋转式发动机运行过程

（2）旋转发动机的设计特点

①功能设计

内燃机的功能是将燃气的能量转化为回转的输出动力，通过内部容积变化，完成燃气的吸气、压缩、燃爆、排气 4 个动作达到目的。旋转式发动机抓住容积变化这个主要特征，以三角形转子在椭圆形汽缸中偏心回转的方法达到功能要求，而且三角形转子的每一个表面与缸体的作用相当于往复式的一个活塞和汽缸，依次平稳连续地工作。转子各表面还兼有开闭进排气阀门的功能，设计可谓巧妙。

②运动设计

偏心的三角形转子如何将运动和动力输出，在旋转式发动机中采用了内啮合行星齿轮机构，如图 6-5 所示。三角形转子相当于行星内齿轮 2，它一面绕自身轴线自转，一面绕中心外齿轮 1 在缸体 3 内公转。系杆 H 则是发动机的输出曲轴。

转子内齿轮与中心外齿轮的齿数比是 1.5∶1，这样转子转一周，使曲轴转 3 周（$Z_2/Z_1=1.5 \rightarrow n_H/n_2$，$=3$），输出转速较高。

根据三角形转子的结构可知，曲轴每转一周即产生一个动力冲程。相对四冲程往复发动机曲轴每转两周才产生一个动力冲程，推知旋转式发动机功率容量比是四冲程往复发动机的两倍。

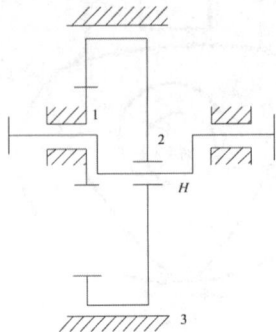

图 6-5　行星齿轮机构

③结构设计

旋转式发动机结构简单，只有三角形转子和输出轴两个运动构件。它需要一个化油器和若干火花塞，但无需连杆、活塞以及复杂的阀门控制装置。零件数量比往复发动机少40%，体积减小50%，质量下降1/2~2/3，在大气污染方面也有所改善。该发动机具有体积小、质量轻、噪声小、旋转速度范围大以及结构简单等优点，在大气污染方面也有所改善。

3. 旋转式发动机的实用化

旋转式发动机与传统的往复式发动机相比，在输出功率相同时，具有体积小、质量轻、噪声小、旋转范围大以及结构简单等优点，但在实用化生产的过程中还有许多问题需要解决。

日本东泽公司从德国纳苏公司购得汪克尔旋转式发动机的专利后，进行实用化生产。经过样机运行和大量试验，发现汽缸上产生振纹是最主要的问题。而形成振纹的原因，不仅在于摩擦体本身的材料，同时与密封片的形状和材料有关，密封片的振动特性对振纹影响极大。该公司抓住这个关键问题开发出极坚硬的浸渍炭精材料做密封片，较成功地解决了振纹问题。他们还与多个厂家合作相继开发了特殊密封件310号、火花塞、化油器、O形环、消声器等多种零部件，并采用了高级润滑油，使旋转式发动机在全世界首先达到实用化。

随着生产科学技术的发展，必然会出现更多新型的内燃机和动力机械。人们总是在发现矛盾和解决矛盾的过程中不断取得进步。而在开发设计过程中敢于突破，善于运用类比、组合、代用等创造技法，认真进行科学分析，将使我们得到更多的创新产品。

（二）全自动送筷机

一款自动送筷机的设计解决了抓取筷子时的卫生问题。

（1）送筷方式

初定的送筷方式有三种，即朝上竖直送、水平竖向送、水平横向送。通过反复多次模拟实验发现：朝上竖直送，取筷子最为方便，但筷子的水平移动距离长，所需推力也大，会导致机器的结构复杂，增加成本；水平竖向送筷子，由于筷子尺寸、形状、大小及摆放不规则，能顺利出筷子的概率不足 30%；而水平横向送筷子不仅出筷顺畅，而且在抽出筷子后，在重力作用下，筷子会自由下落，省去了机械传动的成本。因此，选用了第三种送筷方案。

（2）出筷机构的选择

可选择的出筷机构有盘形凸轮机构、摆动导杆机构、曲柄摇杆机构、曲柄滑块机构等。通过模拟实验分析对比发现：盘形凸轮机构虽然结构简单，但由于从动件行程较大（70mm），使机构的总体结构尺寸过大；导杆机构和曲柄摇杆机构不仅平稳性较差，而且占据的空间也大；而曲柄滑块机构占据的空间最小，结构比较简单。因此，最后确定曲柄滑块机构与移动凸轮机构组合，作为出筷机的执行机构。

（3）电机的选择

通过模拟实验测定推筷子的阻力和最佳出筷子的速度，从而确定电机的功率为 25W，减速电动机输出转速为 60r/min。

（4）工作原理

当曲柄滑块机构运动时，滑块带动移动凸轮（阶梯斜面）反复移动，将筷子水平送出。推出的筷子如未被取走，则移动凸轮空推。已推出的筷子被取走后，则上方的筷子在重力作用下下落至箱体底部，被再次推出。

（5）设计阶梯推杆的目的

一是提高送筷子的效率；二是防止筷子由于摆放不规则，出现卡死、架空等现象。初定的推杆只能推一双筷子，不仅效率低下，而且经常出现卡死、架空现象。阶梯推杆推出的三双筷子呈并排阶梯状。伸出箱体最长的筷子被抽走后，如上方筷子不能自由下落，则再抽取伸出较短的一双，如抽走后上方筷子还不能自由下落，再抽走最短的第三双筷子，由于三双筷子较宽，三双都被抽走后，上方筷子必然失去支撑下落到箱体底部。

同时阶梯推杆的推送面设计成斜面，其作用：一是起振动作用；二是防止筷子未对准出口时被顶断。当筷子未对准出口、顶在箱体壁上时，筷子在阶梯推杆的斜面上滑过。经过多次作用，只有筷子对准出口时才能被顶出。

第二节　机械创新搭接实验

一、机械传动系统创意组合搭接综合实验

（一）概述

机械系统是由原动机、传动系统和执行系统组成的。其中，传动系统（机器中的传动部分）是置于原动机与执行机构之间，将原动机产生的机械能传送到（执行）机构上去的中间装置。它的作用是将原动机的运动参数、运动形式和动力参数变换为执行机构所需要的运动参数、运动形式和动力参数。例如：降低或提高原动机输出的速度，以满足执行机构的需要；把原动机输出的转矩，变换为执行机构所需要的转矩或力；把原动机输出的等速旋转运动，变换为执行机构所需要的运动形式及运动规律等。

机械传动的特性及参数：机械传动的运动特性通常用转速、传动比等参数表示。机械传动的动力特性常用效率、功率，转矩等参数表示。

1. 转速 n、线速度 v 和传动比 i

当机械传动传递回转运动时，设其主动轮的角速度为 ω_1，转速为 n，从动轮的角度速度为 ω_2，转速为 n_2，并用 i 表示其传动比，d 表示回转零件的计算直径，v 表示其线速度，则

转速 $n/$（r/min）：$n = \dfrac{30\varpi}{\pi}$

线速度 v（m/s）：$v = \dfrac{\pi dn}{60 \times 1000}$

传动比 i：$i = \dfrac{\varpi_1}{\varpi_2} = \dfrac{n_1}{n_2}$

2. 机械效率 η、功率 P 和转矩 T

（1）机械效率：当机械工作时，由原动机经传动系统到执行机构的各传动零件间的功率损耗为

$$\eta = \frac{P_{输出}}{P_{输入}}$$

（2）功率 P：对于转动件，$P = \dfrac{T_n}{9550}$　；对于移动件，$P = \dfrac{F_\delta}{1000}$ 。

（3）转矩 T：$T = 9550 \dfrac{P}{n} \eta i$

式中：P—功率；

n—转速；

η—效率；

i—传动比。

3.机械传动系统的组成及机械传动的主要类型

机械传动系统由各种传动元件或装置（如带传动机构、链传动机构、齿轮传动机构、螺旋传动机构、连杆机构，凸轮机构等），轴及轴系零、部件（如轴承，联轴器等），离合器、制动器等零部件组成。

机械传动根据其传动原理的不同，分为啮合传动（如齿轮传动、蜗杆传动、行星齿轮传动、链传动等），摩擦传动（如带传动，摩擦轮传动等）和推压传动（如连杆机构、凸轮机构等）。

4.传动链的方案选择

（1）选择原则：简化传动环节，提高传动效率，确保传动安全等。

（2）传动方式的合理安排：根据不同传动装置的性能特点布置传动顺序。带传动承载能力小，所传动的转矩小，但传动平稳，能缓冲振动，可布置在高速级；链传动由于瞬时传动比不断变化，运转不均匀，有冲击，故不宜用在高速级，应布置在低速级；锥齿轮加工困难，特别是大模数锥齿轮，因此只在需要改变方向时才用，且尽量布置在高速级，并限制传动比，以减小直径和模数。

（3）各级传动比的分配：使各级传动的承载能力接近相等；各级传动比都应在各自允许范围内；各级形式注意零件尺寸协调，结构匀称，不会造成干涉等。

5.机械传动系统的安装、调试、检测

正确合理的安装调试检测可以保障机械传动系统的稳定性、传动精度、效率、安全、寿命等。安装包括电动机、联轴器、带、带轮、轴、齿轮和轴承等的固定、连接、配合、张紧、润滑等；调试与检测包括转速、间隙、几何公差、误差、挠度等的检测与调节。

（二）实验目的

（1）通过机械零部件的安装搭接、测试和分析，掌握电动机、V带传动装置、链传动装置、轴、轴承、联轴器的安装及校准方法，加深对零件设计与制造概念的理解。

（2）通过对多种传动类型的比较分析，充分理解不同传动类型的特点及其适用范围。

（3）建立起机械系统的综合概念，提高实践与创新能力，锻炼分析问题、解决问题的能力。

（三）实验的仪器与设备

JCY–C 创意组合机械传动系统搭接综合实验台，包括：电动机一台，三向水平仪（多用型，可测水平、垂直、与水平面成45°角平面，水平仪长度为230 mm）一个，水平仪（长度为90 mm）一个，百分表（0.01毫米/格）一个，磁性表座一个，接触式转速表一个，直尺一把（20 cm），塞尺（0.0381 ~ 0.635mm），开口调整垫片若干，螺栓、螺母若干，带锁安全开关一个。

（四）基本技能与常识

1. 实验内容

（1）认识实验台基本的机械部件及相关测量仪表；

（2）了解各测量仪表的使用方法，掌握水平仪、百分表的使用方法；

（3）掌握安全使用电器的方法；

（4）掌握电动机的安装及校准方法。

2. 实验步骤

（1）认识机械传动系统搭接综合实验台基本的机械部件，清点数目。

① JCY–C 创意组合机械系统搭接综合实验台。这个系统包括一个活动的工作站，用于装配机械系统的标准件工作表面、储存面板、储存松散组件的存储单元。工作表面包含四块金属板，大多数活动用到 1 ~ 2 块金属板，每一个工作面板都设计有用于装配组件的狭槽和孔。

②安装存储面板组件（存储面板）。JCY–C 创意组合机械系统搭接综合实验台包括下列存储面板：轴面板1，轴面板2，带驱动面板1，链驱动面板1，齿轮驱动面板1。设计这些面板的目的是让使用者能快速辨识传动组件并且很容易地找回它们及放归原处。

③安装存储抽屉单元。这个单元包括在面板上不易储存的或者含有油脂需要密封的组件。每个抽屉包含下列物品。抽屉1：测量仪器、垫片和按键。抽屉2：零件，如垫片、螺栓、带、链等。抽屉3：装配器具、扳手、旋具等。

（2）了解电动机控制箱安全开关的锁定/解锁方法。

（3）利用水平仪测量平面的水平度。把水平仪的底面放在工作面上，观测气泡位置，当气泡处于中心位置不动时为水平。将水平仪转 90° 方向测量。

（4）电动机的安装、校准（含调水平、轴向跳动及径向跳动的测量）方法。

①从储存抽屉单元找到六角头螺钉，调整垫圈、锁紧垫圈和螺母各 4 个。

②找到常转速电动机并安装于工作表面。

③在轴面板 1 上找到常转速电动机的 4 个镀银支撑板。

④确定工作表面、电动机装配基座底部和支撑板清洁和没有毛刺。

⑤将银色支撑板与电动机脚对准，调整电动机到需要的高度。

⑥执行下列的步骤装配电动机：用装配螺钉、螺母和垫圈将电动机安装到工作表面。用 6 in（1 in=25.4 mm）的尺子将电动机与工作表面边对准，调整电动机，使得它的两个脚到工作台表面的边距离相等。

⑦固定电动机：选择两个扳手按顺序进行预紧。注意不要把某一个螺钉固定过紧，以免引起电动机基座变形。

⑧执行下列步骤标定电动机轴：将水平仪放置在电动机轴上，观察气泡的位置。务必将水平仪放置在轴的光滑表面上，一些轴是阶梯轴，所以水平仪必须放置在其中一段水平表面上。拧松四个螺钉，在电动机的两只脚下填入垫片直到气泡处于中心位置，如果气泡向右边倾斜，用垫片填其左端，反之用垫片填右端。

如果已经水平，则进入下一步，否则继续改变垫片。

（5）学会利用接触式转速表测量电动机转速。

（五）V 带传动装置、链传动装置、带式制动器及键连接的装配和校准

1. 实验内容

（1）键连接的安装与测量；

（2）带式制动器安装与扭矩测量；

（3）V 带传动装置装配和校准；

（4）链传动装置装配和校准。

2. 实验步骤

（1）键连接的安装与测量

①认识键连接的基本几何参数、形状公差；

②利用键坯制作一个符合要求的键；

③利用键连接将轮毂安装到轴上。

（2）带式制动器的安装与测量

①带式制动器安装。本步骤用键将电动机轴装配到制动带上。找到上面有两个螺孔的制动卷筒毂，用内六角扳手拧松顶上的两个螺钉，使得卷筒的两部分能适当分离，清洁键

槽。找到配合的方键，将键滑到电动机轴上的键槽中，摇动键检查键是否松动，如果松动，必须更换。将键从电动机轴上移走并将之放置在制动卷筒的键槽内，检查配合情况，如松动则要更换，如过紧则用手锉修配到合适。将键从制动卷筒的键槽内移出，放置于电动机轴上的键槽内，将之放置与轴的末端平齐。拿起制动器卷筒使其上的键槽与电动机轴上的键在一条直线上，将制动器卷筒滑入电动机轴，固紧卷筒上的两个螺钉。拉动卷筒检测其是否可靠地与轴连接。

②安装带式制动器以测量轴的力矩。拧松制动器顶部的载荷螺母，制动器放置在工作台上，确定摩擦带保持在卷筒下方，找到四个内六角头螺钉与其垫片、螺母，安装制动器到工作表面。拧松电动机的紧固件，以便调整电动机位置使之与制动器的制动带接触，重新拧紧电动机上的紧固件。

③V带传动系统装配和校准。

第一，计算带轮传动比。

第二，计算带传动系统中轴的转速及力矩。

第三，安装并校准V带。执行下列步骤安装主动带轮：根据计算从带驱动板上找到两个带轮，使用内六角扳手拧出调整螺钉，使得其不扩展到轴孔中；清洁轴上键槽和带轮轮毂键槽，选择方键将键滑入轴上键槽中，检查是否配合；将键从轴上键槽滑出，滑入带轮轮毂的键槽中，检查是否配合。将键从带轮轮毂中滑出，滑入轴上，注意对齐。将轴装上带轮轮毂。将带轮轮毂滑入轴上，拧紧调整螺钉。拉动带轮检查是否装紧，重复类似步骤安装从动轮，装配好。将直角尺放置在从动轮表面与之平齐。主动轮必须调整到对齐从动轮，假如主动轮的表面也与直尺平齐，则两轮平齐。拧松电动机底座上的螺钉，移动电动机底座，拧紧装配螺钉，重新检查带轮是否对齐。找到计算的带轮，在完成对准检查后，拧松电动机的锁定螺钉，使得电动机可以在底座上移动，拧紧锁定螺钉并且重新检查带轮是否对准。反复调节直到带轮对齐。

第四，确定带张力的方法。使用带张紧测试仪测量带的张紧，步骤如下：检查带轮是否对齐，带张紧在带轮上。计算带的偏转量。找到张紧力测试器，将直尺放置在带上，直角边应该保持在带的顶部。将张紧力测试器放置在带的跨距中心，并且使之与帮垂直；在张紧力测试器上施加一个向下的力，令带产生一定的偏移，读出力刻度线上的读数。参考表6-1，比较读数和计算值，如果读数在计算值范围之内，说明带已经调好，否则必须重新检查带的安装。

第五，使用电动机可调支撑座调整带的张力；执行下列步骤调整带的张紧度。稍微拧松电动机的防松螺母，使用扳手旋转可调底座上的调节螺母，重新拧紧防松螺母，重复步骤直到张紧正确。

第六，分析 V 带传动。打开电动机，使用测速仪测量电动机轴的转速和从动轴的转速，并记录下来。测量制动器在不同载荷时电动机的输入电流，改变电动机转速，记录电流值；加大制动带载荷，将读数记录在表 6-2 中。比较带传动电流读数和电动机轴直接与制动器相连时的电流读数。

表 6-1　测定张紧力所需垂直力（单位：N）

带型		小带轮直径 d_1/mm	带速 v/（m/s）		
			0~10	10~20	20~30
普通 V 带	Z	50~100 > 100	5~7 > 7~10	4.2~6 > 6~8.5	5.4~5.5 > 5.5~7
	A	75~140 > 140	9.5~14 > 14~21	8~12 > 12~18	6.5~10 > 10~15
	B	125~200 > 200	18.5~28 > 28~42	15~22 > 22~23	12.5~18 > 18~27
	C	200~400 > 400	36~54 > 54~85	30~45 > 45~70	25~38 > 38~56
	D	355~600 > 600	74~108 > 108~162	62~94 > 94~140	50~75 > 75~108
	E	500~800 > 800	145~217 > 217~325	124~186 > 186~280	100~150 > 155~225

表 6-2　电动机电流与制动器力矩

	序号	电流 /A	弹簧秤读数	扭矩 /（N·m）	转速 /（r/min）
负载	1				
	2				
	3				
空载					

（4）链传动系统装配和校准。

①计算链轮传动比、链传动系统中轴的转速及力矩。

②滚子链传动系统的安装及校准。从链传动板上找到 15 齿和 30 齿的链轮；检查 15 齿的链轮，并使用内六角扳手将调整螺钉拧出，使其不会伸出到轴孔中；选择 5×5 的平键，将键放入电动机轴上键槽中，并检查配合情况；将键从链轮轮毂中滑出，放入链轮的键槽中，并检查二者配合情况；再次将键从链轮中取出，放入轴上的键槽，并使其末端与电动机轴的端部对齐；将链轮的键槽对准电动机轴上的键，将链轮装在电动机轴上，使链轮端面与轴的端面平齐；拧紧调整链轮的螺钉，将链轮定位；按以上步骤将 30 齿从动链轮安装到从动轴上。将直尺的棱边靠在从动链轮端面上，调整电动机可调支撑座的固定螺钉位置，使主动链轮端面与从动链轮端面对齐；拧松固定电动机的螺钉，旋转引导螺钉使电动机朝从动轴的方向移动；将链放在链轮上，移动电动机直到链接触不到工作平面，拧紧防松螺钉。

③确定链垂度的允许值。调整可调整底座直到链条张紧，使用卷尺测量两链轮轴中心

距离，计算允许的中心跨距下垂量。使用可调整底座调整主动链轮的位置，使得链的下垂量处于上个步骤计算值的中间。

④测量、调整链的垂度。测量两链轮的中心距，计算允许的中心跨距偏差 v 将中心跨距分别乘以 0.04 和 0.06 作为范围的上下限，将中心跨距偏差除以 2 作为链的允许下垂量。使用直尺和直角尺测量链下垂量：用一只手顺时针方向转动从动链轮，另一只手固定住另一个链轮不让其转动，使链条张紧。放置直尺在链轮顶部，使直角尺一边垂直于直尺，并使其端部压紧链条上边，测量从链条顶部到直尺下部的距离。通过调整中心距来调整链的下垂量到给定值。

（六）齿轮、轴承及联轴器的装配及校准

1. 实验的内容

（1）掌握轴承的安装与校准方法。

（2）掌握联轴器的安装与校准方法。

（3）掌握齿轮传动比、齿轮传动系统中轴的转速及力矩的计算方法。

（4）掌握直齿圆柱齿轮传动系统的安装及校准方法。

（5）掌握齿侧间隙的概念及其意义。

（6）掌握齿侧间隙的确定及测量方法。

（7）初步建立加工精度与噪声、运转速度与噪声关系的概念，能够确认齿轮合格件与非合格件。

2. 实验步骤

（1）测量轴的相关几何尺寸。

（2）滚动轴承的安装及校准。安装并调整滚动轴承和轴，大致步骤：在这个实验中，将安装 2 个滚动轴承，并且在两个轴承间装配轴。从轴板上将 4 个轴承支架拿下，这将用于提高轴承到正确的高度，放置 4 个轴承支架在工作台表面。从轴板上拿下 2 个带座轴承，将 1 个带座轴承放置在 2 个支架上，找到六角螺钉、弹簧垫圈、平垫圈和螺母各 4 个，将轴承固定在支架上面，不要拧紧；放置第 2 个带座轴承在另外两个支架上，固紧第 2 个带座轴承，不要拧紧。把轴装配在两个轴承间，步骤如下：在轴板上拿下长轴，将轴从两个轴承间穿过，调整轴使其在每个轴承外侧的露出长度大约 10 cm，拧紧每个轴承上的固定螺钉防止轴滑动。拧紧带座轴承的装配螺钉，转动轴观察其是否自由转动，若不能则重新调整。将水平仪放在轴上，观察上面气泡的位置，如果轴不水平，在带座的一端插入塞尺使得水平仪上气泡位于中间位置，拧紧螺钉，检查轴的水平，用手转动轴，轴能够自由转动。

（3）联轴器的安装及校准。安装一个联轴器用于连接电动机轴和上一步中装配完成的轴。拧松电动机紧固螺钉，将电动机向后滑动使得联轴器能够放入。检查联轴器键槽能否和键配合良好。将键放置在轴的端部，将一半联轴器的键槽对准电动机轴上的键，并将其滑入电动机轴上，将另一半联轴器安装到轴承所支撑的从动轴上；拧紧联轴器上的螺钉使其锁紧。移动电动机使联轴器齿间的空隙能插入弹性元件，将弹性元件插入联轴器块，移动电动机使得联轴器的两块啮合。调整空隙为 15 mm，然后拧紧电动机装配螺钉。

（4）使用直角尺和塞尺对相连的两轴进行校准。执行下列步骤调整两联轴器块垂直面对准：在联轴器母线上画直线，标记此处为 0° 位置。使用卡尺测量联轴器在 0° 位置的轴向长度。旋转联轴器，测量联轴器在 180° 位置的轴向长度，用两个测量值相减得到垂直面的不对准，这个联轴器的不对准值应该小于 0.5 mm；执行下列步骤调整联轴器水平方向对准：测量联轴器轮毂确定两个轮毂直径相同。旋转轮毂使得标记在顶部 0° 的位置，放置直角尺在两联轴器轮毂的顶部与标记重合，将一片塞尺插入直角尺与较低轮毂的缝隙中。旋转标记到底部检测不对准值，如果在底部的测量值和在顶部的测量值相同，则需要在较低联轴器侧垫上与塞尺相同尺寸的垫片。如果测量值不同，取两个缝隙值的平均值作为垫片厚度。不对准值必须小于 0.5 mm。如果测量值小于这个值，那么继续下一步骤，否则重复以上步骤进行改进。

（5）计算齿轮传动比。

（6）计算齿轮传动系统中轴的转速及力矩。

（7）安装并校准直齿圆柱齿轮传动系统。

①在齿轮驱动面板上找到标号为 4 和 5 的齿轮，检查两个齿轮是否清洁。

②安装 4 号齿轮到主动轴上，安装步骤和安装制动器的轮毂的步骤相似。

③重复上一步安装 5 号齿轮到从动轴上。

④拧松压轴的螺钉，调整其位置，使得齿轮啮合。

⑤使用直尺检查齿轮的端面齐平，主动齿轮必须调整与从齿轮对齐。

⑥移动轴 1 到一个位置，使得齿轮的四条边都与齿轮接触，拧紧轴 1 的装配螺钉，在拧紧之后重新检查齿轮的边是否平齐。

（8）测量齿侧间隙。安装带磁性底座的刻度指示器，使得其探针接触从动齿轮的齿并且与齿成 90° 角，调整探针稍微缩回但是仍然与齿轮接触，用手握住主动轴使其不能动，用手朝一个方向旋转从动轴直到从动齿轮的轮齿与主动齿轮的轮齿接触，记录刻度表读数；用手朝另一方向旋转从动齿轮直到从动齿轮的齿与主动齿轮齿的另一侧接触，记录刻度表读数；通过两个读数相减计算齿隙：

齿隙 = 读数 1− 读数 2

（9）调整齿侧间隙到规定值：拧松主动轴的螺钉使得主动齿轮位置可以调整，调整主动齿轮的位置使其与从动齿轮更接近；重新检查齿轮是否对齐，如果有必要重新调整对齐；拧紧主动轴的装配螺钉，重新检查齿隙，记录新的值，如果超出了允许范围，重复步骤，直到其在允许范围为止。

（10）通过噪声的测量区别齿轮合格件与非合格件。

（11）整理工作。

①按与装配相反的顺序拆卸，将存储面板上的零件原位放好。

②检查清点仪器零件数目，将螺栓等零件放入零件抽屉；将扳手、旋具等放回工具抽屉；将水平仪、百分表等放回测量仪器抽屉。

③将电动机等零件设备放回存储柜。

④清理工作台面，保持清洁。

（七）注意事项

1.遵守实验室各项规章制度，爱护公物，保持环境卫生。

2.实验时要注意安全，机器运行时切勿触及所有运动部件，特别是留长头发的同学务必注意防止头发卷入运动部件，以免受伤。

3.敲打零件必须用软锤，防止损坏仪器设备。

4.实验时禁止佩戴项链、领带等物品；袖口不过长，不要佩戴易被卷入机器的物品。

5.实验完成后整理仪器零件，所有零件放回原处。

（八）项目研究提示

本实验项目内容可作为提高设计、装配、调试、测量能力的实训系统。在熟悉和掌握实验装置提供的零部件和安装尺寸基础上，以带式制动器为工作机，设计传动系统，绘制完整的机械系统装配图，根据设计图样的技术要求，编写装配工艺规划，完成机械系统的装配和调整，实现设计图样的技术要求。

根据实验装置具备的条件，创新性地设计不同的传动系统，通过装配、调试和运转，测量传动系统的性能参数，比较不同传动系统的特点。

二、轴系设计与搭接实验

（一）概述

任何回转机械都具有轴系结构，轴系结构是机械的重要组成部分，轴系性能的优劣直接决定了机器的使用性能及寿命。轴系设计涉及的内容较多，如轴上零件的定位与固定方式多样，轴承组合设计及其调整、润滑、密封方法多样等。[①]

（二）实验目的

1. 了解机械传动装置中滚动轴承支承轴系结构的基本类型和应用场合。

2. 根据各种不同的工作条件，初步掌握滚动轴承支承轴系结构设计的基本方法。

3. 通过模块化轴系搭接实践，进一步掌握滚动轴承支承轴系结构中工艺性、标准化、轴系的润滑和密封等知识。

（三）主要实验设备

1. 模块化轴系搭接系统：提供可实现多方案组合的基本轴段，以及轴系常用的零件，如轴套、轴承、端盖、密封件、机架等。

2. 测量与装拆工具。

三、实验题目

蜗杆减速器输入轴轴系结构。

四、实验要求

（1）每位同学选择设计题目中一个轴系结构，根据该结构简图和搭接零件明细表设计轴系结构装配图（建议采用 M=1 ：1 比例，3# 坐标纸，手绘）。所作装配图见坐标纸。

（2）分析轴的各部分结构、形状、尺寸与轴的强度、刚度、加工、装配的关系。

从左到右进行分析。轴最左端有一个弹簧挡圈，与轴肩一起固定左端轴承。轴中间是一个在轴上直接车出的蜗杆。蜗杆右侧有一个轴肩，和止动垫圈及圆螺母一起固定有短的轴承。轴的最右端是一个联轴器，通过轴肩及 C 型平键固定在轴上。由于蜗杆接触点会受到较大的径向力、轴向力和切向力，因此布置在两个轴承中间以提高刚度，且此段轴外径较大。联轴器只会受到扭矩，且由组装的关系要求，故安装在轴的一端。由于联轴器轴端受力情况较好，且为了方便其左端的轴承、垫片、螺母的安装，此段轴外径较小。

（3）分析轴上的零件的用途、定位及固定方式。由于左端游动，故左端轴承用轴肩和弹簧垫圈定位固定简化结构。右端固定受轴向力较大，故右端轴承用轴肩、止动垫圈和圆螺母固定以增强承力能力。联轴器需要固定周向位置故用平键，由于联轴器还要和另外一般连接配合使用，故在轴向上只用轴肩控制单向的位移。

---

① 杨昂岳，毛笠泓．实用机械原理与机械设计实验技术 [M]．长沙：国防科技大学出版社，2009．

（4）分析轴承类型、布置和轴承的固定、调整方式。由于轴承主要承受径向力，故均选用极限转速高，结构简单可靠，使用方便且内外圈无相对轴向位移的6206深沟球轴承。由于蜗杆工作时发热变形较大，故采用一端游动一端固定支承。由于联轴器在右端，为保证联轴器轴向变形位移较小，故采用左端游动右端固定的支承方式。左端用弹性挡圈和轴肩固定简化结构，右端用轴肩、止动垫圈和圆螺母固定增加轴向承载能力。左端轴承在轴承座内轴向无固定，可自由滑动，方便游动和调整。右端轴承在轴承座内靠凸缘及套筒夹紧来紧固定轴向位移。

5. 了解润滑及密封装置的类型、结构和特点。轴承采用脂润滑，不易流失，密封容易，承载力强。蜗杆采用浸油润滑，减小发热同时润滑效果好。右端盖上采用毡圈密封，防止润滑剂泄漏及灰尘进入，结构简单拆装方便但发热大。

6. 携带所绘制的完整的装配图在实验室进行轴系搭接实验。

7. 按照轴系结构模块的可行方案修改原设计，最终完成一个轴系结构的设计与搭接。

8. 课后根据实验修改设计画出正确装配图。完成实验报告。（注：装配图采用1：1比例，符合制图标准，标注主要零件的配合尺寸。）

五、基于慧鱼模型的创新设计

1. 实验目的

（1）熟悉慧鱼模型各模块的功能和安装方法，能自主进行创新开发。

（2）初步掌握慧鱼模型的编程，能运行LLWin软件进行简单的编程以控制慧鱼模型的运动。

（3）掌握慧鱼模型的控制电路连接及调试方法。

（4）能利用慧鱼模型构建典型机构，实现设计命题，完成设计任务。

（5）通过学习和训练使学生将所学知识灵活运用于实践中，提高其创新能力，并在工作、生活和学习中有所发明、创造和创新。

2. 实验内容

（1）观察慧鱼模型，了解常用机械传动机构、传感器布置方式、典型机电系统。

（2）熟悉慧鱼模型的各个模块功能和连接方式，熟练运用计算机进行LLWin软件编程，能够通过接口模块合理控制该机械实现相关的运动。

（3）利用"慧鱼"模具组装出多个机械协同动作的生产传输系统，实验过程中需要了解所要构造设备的基本结构以及传输方式。

（4）根据拟定的设计题目，进行方案设计、方案优化及论证，充分利用慧鱼组合模型完成设计任务。

3. 实验设备和仪器

（1）慧鱼系列创新设计模型的构件组成

本实验采用德国慧鱼公司的"慧鱼创意组合模型"，该模型由多种构件组成，通过接口板与计算机相连，使用软件控制模型的运动。

组成构件大体上分为机械构件、电气构件和气动构件三类。

机械构件主要包括：六面体齿轮、连杆、链条、齿轮（普通齿轮、锥齿轮、斜齿轮、内啮合齿轮、外啮合齿轮）、齿轴、齿条、蜗轮、蜗杆、凸轮、弹簧、曲轴、万向节、差速器、齿轮箱、铰链等。

电气构件主要包括：直流电动机（9V 双向）、红外线发射接收装置、传感器（光敏、热敏、磁敏、触敏）、发光器件、电磁气阀、接口电路板、可调直流变压器（9 V、1 A，带短路保护功能）。接口电路板含电脑接口板、PLC 接口板。

气动构件主要包括：储气罐、汽缸、活塞、气弯头、手动气阀、电磁气阀、气管。提供了牛头刨床、工业机器人等多种套装产品，其中大部分零件可以通用。

（2）控制软件

必须通过软件实现对模型的控制，慧鱼公司提供的控制软件有 LLWin 和 ROBO Pro 两种，LLWin 是比 ROBO Pro 更早的版本。此外，可以自行开发动态链接库，通过高级程序语言编写，实现对模型的控制。

ROBO Pro 软件是一种图形化软件，兼容 Windows 98、ME、NT、2000、XP 多种系统平台，该软件界面友好、功能丰富，用来驱动智能接口板和 ROBO 接口板。ROBO Pro 软件可以同时控制多个接口板，还可以控制电动机以不同的转速转动。

ROBO Pro 软件中各功能模块和子流程间可以进行数据交换，不仅可以用变量方式，也可以用图形化连接方式，使编程操作更容易理解。ROBO Pro 提供了现代编程语言中的所有关键元素，比如队列、函数、递归、对象、异步事件、准并行处理等。程序直接翻译成机器语言，以便有效地执行。用 ROBO Pro 可以方便地编写 teach-in 程序或者其他 Windows 软件交换数据。在线模式下，可以并接多块 ROBO Pro 接口板来控制大规模的模型，还可以生成包含开关、控制器、显示等元素的控制面板。

ROBO Pro 软件的主界面在"常用"工具栏中，从左到右依次为新建程序、打开程序、保存程序、删除程序中的函数或流程线、启动程序、停止程序、下载程序、端口设置、端口测试、继续执行程序、暂停执行程序、步进执行程序、缩小视图及放大视图。左侧为慧鱼模型的功能函数，主要有程序开始函数、程序结束函数、数字信号分支函数、模拟信号分支函数、延时函数、输出设置函数、数字信号检测函数、脉冲计数函数、循环函数和添加注释等函数。

4. 实验原理

（1）慧鱼创意组合模型

"慧鱼创意组合模型"（Fischertechnik）是一种积木式插装模型，几乎可以实现任何工业技术过程。模型可以用于模拟大型机械和设备的操作、实验仿真等。该模型尺寸精确，易于拼装，适用于设计构思和实验分析，实现技术还原，解释复杂的技术原理。

（2）慧鱼牛头刨床机构原理

牛头刨床包括工作台横向运动机构、棘轮机构、工作台升降机构、曲柄摇杆机构、导杆机构、变速机构、变速操纵装置、刀具夹紧装置等。

牛头刨床是一种用于切削平面的加工机床，它依靠刨刀的往复运动和支承并固定工件的工作台的单向间歇移动来实现对平面的切削加工。刨刀向左运动时切削工件，向右运动时为空回。

5. 实验步骤

（1）熟悉慧鱼创意模型的各种构件、接口板及编程软件的功能与使用。

（2）观察各种慧鱼工业模型，例如牛头刨床模型、机械手、三自由度机械手模型、仿生机器人模型等，了解常用机械传动机构、传感器布置方式、典型机电系统。

（3）根据个人兴趣，按样例组装各种机器人模型，熟悉拼接与控制方法。

（4）按实验任务书提出的设计要求，进行功能分析，拟订机构运动和控制方案，绘制机构结构图及原理图。

（5）动手组装模型，并编写程序，连接控制系统，调试机构模型的动作及性能。

（6）进行速度等性能分析。

（7）实验完毕，拆卸全部零件，清点零件并按要求包装好。

6. 实验记录及数据处理

（1）实验记录

①记录各机构的尺寸。

②记录机构运动参数。

（2）数据处理

①绘制机构设计方案图、机构结构简图及原理图。

②绘制控制电路简图。

③编写控制程序流程图及其程序。

④分析机构的运动性能。

第三节 机构创意组合及运动参数分析

一、实验目的

1. 加深学生对机构组成原理的认识，进一步了解机构组成及其运动特性。

2. 训练学生的实践动手能力。

3. 培养学生创新意识及综合设计能力。

二、实验设备及工具

1.PCC–Ⅱ（B）实验台及其配件、PC 机、实验软件。

2. 一字起子、梅花起子、活动扳手、内六角扳手、橡皮锤。

三、实验原理

任何平面机构均可以用零自由度的杆组依次连接到原动件和机架上的方法来组成，这是机构的组成原理，也是本实验的基本原理。

四、实验方法和步骤

1. 掌握实验原理。

2. 根据上述实验设备及工具的内容介绍，熟悉实验设备的硬件组成及零件功用。使用方法请参阅随机使用说明书。

3. 自拟机构运动方案或选择实验指导书中提供的机构运动方案作为机构组合（拼接）实验内容。

4. 将所选定的机构运动方案根据机构组成原理按杆组进行正确拆分，并用机构简图表示出来。

5. 找出有关零部件，将杆组按运动的传递顺序依次接到原动件和机架上，正确拼装杆组机构运动方案。

6. 机构安装完成之后，用手拨动机构，检查机构运动是否正常。

7. 机构运动正常后，连上电机。

8. 打开控制盒电源，拨动调速旋钮，逐步增加电机转速，观察机构运动。

9. 将传感器安装在被测零件上，并连接在数据采集箱接线端口上，数据采集箱用串口线和电脑相连。

10. 打开计算机，进入软件界面，观察相应零件的运动情况。

11. 将各种不用零件及工具放入工具箱，清理实验台。

12. 完成实验报告。

五、杆组的概念、正确拆分杆组及拼装杆组

1. 杆组的概念

由于平面机构具有确定运动的条件使机构原动件数目与机构的自由度相等。因此，机构均由机架、原动件和自由度为零的从动件系统通过运动副连接而成。将从动件系统拆成若干个不可再分的自由度为零的运动链，称为基本杆组，简称杆组。

根据杆组的定义，组成平面机构杆组的条件是：

$$F=3n-2P_L-P_H=0$$

式中：n—杆组中的构件数；

P_L—杆组中的低副数；

P_H—杆组中的高副数。

由于构件数和运动副数目均应为整数，故当n、P_L、P_H取不同数值时，可得各类基本杆组。由此可以获得各种类型的杆组，当$n=1$，$P_L=1$，$P_H=1$时即可获得单构件高副杆组。常见的单构件高副杆组如图6-6所示。

图6-6 单构件高副杆组

当$P_H=0$时，杆组中的运动副全部为低副，称为低副杆组。由于有$F=3n-2P_L-P_H=0$，故，$3n=2P_L$，则n应当是2的倍数，而P_L应当是3的倍数，即$n=2$，4，6，…，$P_L=3$，6，9，…。

当$n=2$，$P_L=3$时，杆组称为Ⅱ级组。Ⅱ级组是应用最多的基本杆组，绝大多数的机构均由Ⅱ级杆组组成，由于Ⅱ级杆组中转动副和移动副的配置不同，Ⅱ级杆组可以有如图6-7所示的五种形式。

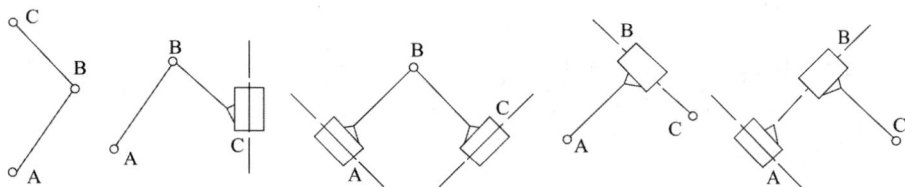

图 6-7　平面低副Ⅱ级组

当 $n=4$，$P_L=6$ 时，杆组称为Ⅲ级组。Ⅲ级杆组形式很多，图 6-8 所示的是几种常用的Ⅲ级组。

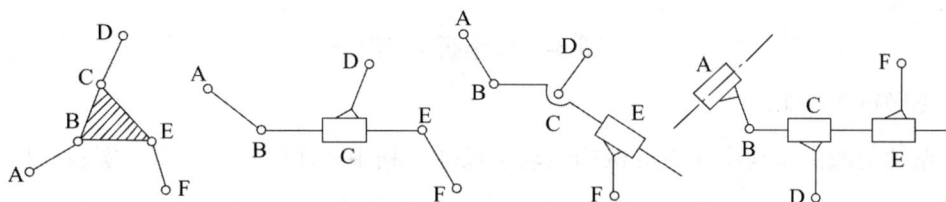

图 6-8　平面低副Ⅲ级组

2. 机构的组成原理

根据如上所述，可将机构的组成原理概括为：任何平面机构均可以用零自由度的杆组依次连接到原动件和机架上去的方法来组成。这是本实验的基本原理。

3. 正确拆分杆组

正确拆分杆组有三个步骤：

（1）先去掉机构中的局部自由度和虚约束，有时还要将高副加以低化。

（2）计算机构的自由度，确定原动件。

（3）从远离原动件的一端（执行构件）先试拆分Ⅱ级杆组，若拆分不出Ⅱ级杆组时，再试拆Ⅲ级组，即由最低级别杆组向高一级杆组依次拆分，最后剩下原动件和机架。

正确拆分的判定标准是：拆去一个杆组或一系列的杆组后，剩余的必须仍为一个完整的机构或若干个与机架相连的原动件，不许有不成组的零散构件或运动副的存在，否则这个杆组拆得不对。每当拆出一个杆组后，再对剩余机构拆组，并按第（3）步骤进行，直到全部杆组拆完，只剩下与机架相连的原动件为止。

如图 6-9 所示机构，可先除去 K 处的局部自由度；然后，按步骤（2）计算机构的自由度 F=1，并确定凸轮为原动件；最后根据步骤（3）的要领，先拆分出由构件 4 和 5 组成的Ⅱ级组，再拆分出由构件 3 和 2 及构件 6 和 7 组成的两个Ⅱ级组及由构件 8 组成的单构件高副杆组，最后剩下原动件 1 和机架 9。

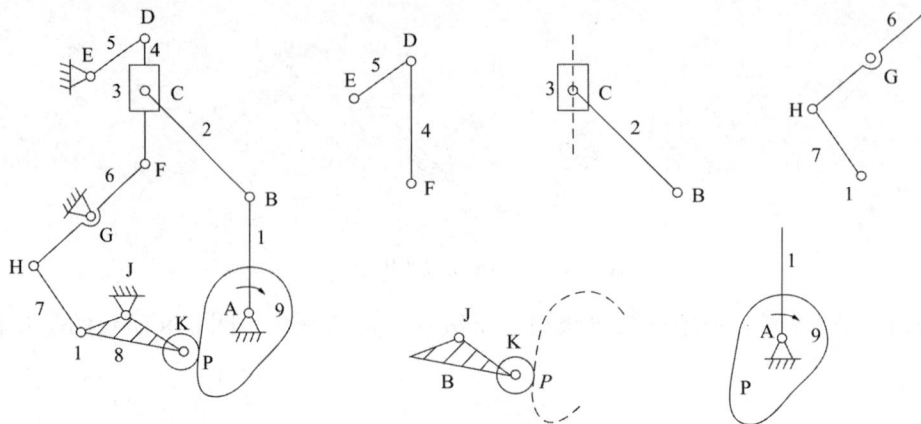

图 6-9 杆组拆分例图

4. 正确拼装杆组

　　根据拟定或由实验中获得的机构运动学尺寸，利用平面机构创意组合实验台提供的零件按机构运动的传递顺序进行拼接。拼接时，首先要分清机构中各构件所占据的运动平面，并且使各构件的运动在相互平行的平面内进行，其目的是避免各运动构件发生运动干涉。然后以实验台机架铅垂面为拼接的起始参考面，按预定拼接计划进行拼接。所拼接的构件以原动构件起始，依运动传递顺序符合各杆组由里（参考面）向外进行拼接，平面机构创意组合实验台提供的运动副的拼接请参见使用说明书。

六、实验内容

　　下列各机构均来自工程实践，任选一个机构运动方案或者自行设计方案进行机构拼接设计实验。

　　1. 四杆机构

　　机构说明；如图 6-10 所示，由曲柄 1、连杆 2、摆杆 3 组成曲柄摇杆四杆机构，曲柄 1 为主动件。

　　应用举例：碎矿机机构。

　　2. 偏心轮传动机构

　　机构说明：如图 6-11 所示，曲柄 1 为主动件，构件 2 是一个三副机构，它与构件 1 构件 3、构件 4 分别组成转动副，构件 3 和机架 5、构件 6 和机架 5 分别组成转动副，构件 4 为移动副。

　　应用举例：经编机构。

　　3. 凸轮－摇杆滑块机构

　　机构说明：如图 6-12 所示，构件 1 为主动凸轮，构件 2 的重力作用使滑块 4 后退。

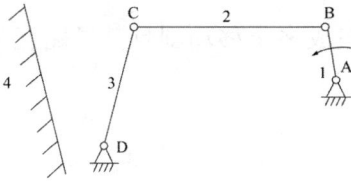

图 6-10 四杆机构

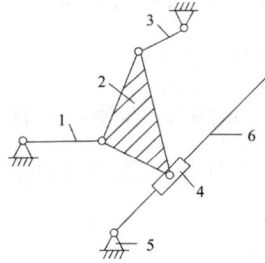

图 6-11 偏心轮传动机构图

4. 刨床导杆机构

机构说明：如图 6-13 所示，牛头刨头的动力是由电机经皮带齿轮传动使曲柄 1 绕轴 A 回转，再经滑块 2、导杆 3、连杆 4 带动装有刨刀的滑枕 5 沿机架 6 的导轨槽做往复直线运动，从而完成刨削工作。显然，导杆 3 为三副构件，其余为二副构件。

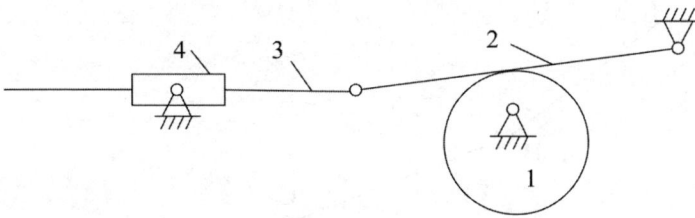

图 6-12 凸轮－摇杆滑块机构

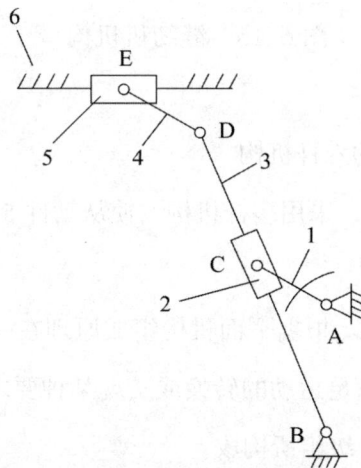

图 6-13 刨床导杆机构

5. 双缸气压机

机构说明：如图 6-14 所示，A 为主动件，滑块 C、D 往复运动时，由加速度产生的

惯性力作用于机座4上,由于两滑块的加速度大小相等方向相反。因此,惯性力可相互平衡。

6.缝纫机机构

机构说明:如图6-15所示,D、E两构件组成多个移动副且其导路互相平行,只有一个移动副起约束作用,其余移动副都是虚约束。

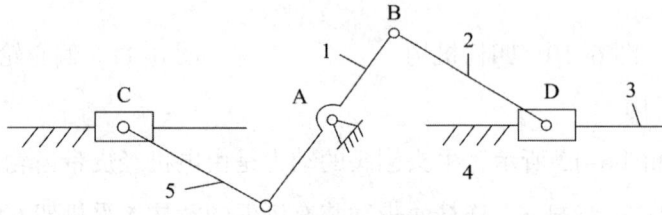

图6-14　双缸气压机

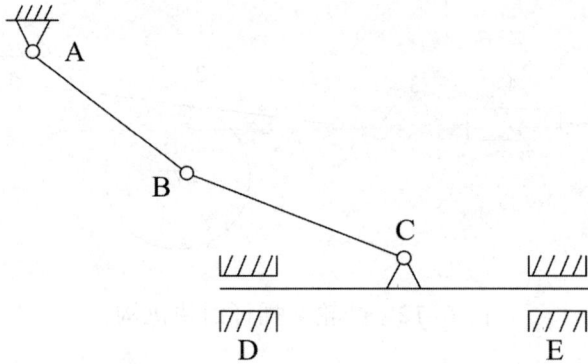

图6-15　缝纫机机构

7.可扩大机构从动件行程的六杆机构

机构说明:如图6-16所示,采用多杆机构,使从动件5的形成大幅度扩大。

8.发动机机构

机构说明,如图6-17所示。根据平面机构组成原理在一个机构上叠加一个或者多个杆组,便可以形成新的机构来满足运动的转换或实现某种要求的功能,发动机机构就是在曲柄滑块的基础上叠加了两个Ⅱ级组所构成。

9.手套自动加工机

机构说明:如图6-18所示,除主动件1和机架外,余下都是Ⅱ级杆组,当主动曲柄1连续转动时可使5实现大行程的往复移动。

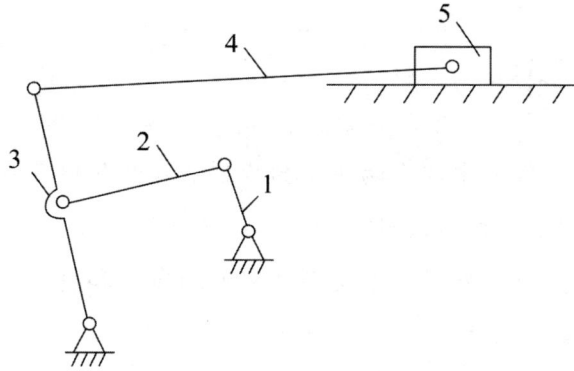

图 6-16 六杆机构

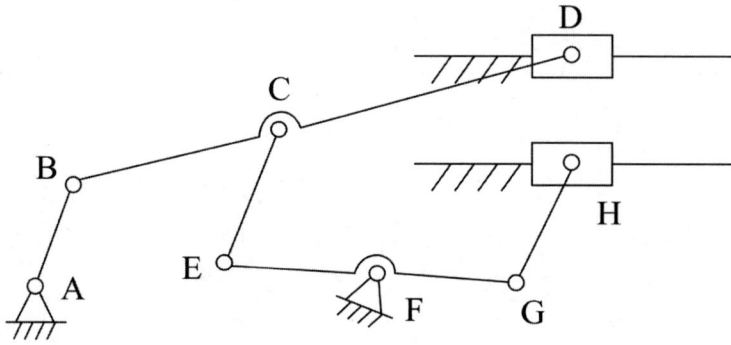

图 6-17 发动机机构

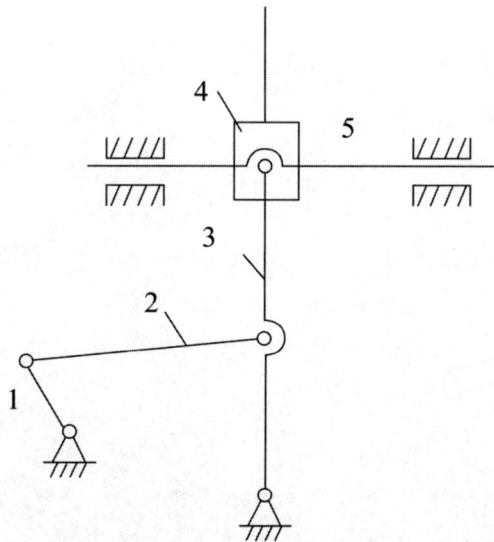

图 6-18 手套自动加工机

思考与练习

1. 为什么轴通常要做成中间大两头小的阶梯形状？如何区分轴的轴颈、轴头和轴身各轴段？对轴各段的过渡部分和轴肩结构有何要求？

2. 你设计的轴系中轴承采用什么类型？它们的布置和安装方式有何特点？实际当中选择的根据是什么？

3. 在干摩擦条件下,哪种配副的摩擦因数小,哪种配副下试件磨损量小(磨痕窄)？

4. 在相同摩擦副时,哪种摩擦状态下的摩擦因数小,哪种摩擦状态下试件磨损量小？

参考文献

［1］陈修祥，邻吉才，胡瑞华.机械设计基础理论与方法 [M].长春：吉林大学出版社，2017.

［2］葛培琪，毕文波，朱振杰.机械综合实验与创新设计 [M].武汉：华中科技大学出版社，2016.

［3］管伯良.机械基础实验 [M].上海：东华大学出版社，2005.

［4］何军，冯梅.机械基础实验教程（非机械类）[M].武汉：华中科技大学出版社，2017.

［5］江文清.机械制造基础实验指导书 [M].重庆：重庆大学出版社，2017.

［6］金秀慧，孙如军.能源与动力工程专业课程实验指导书 [M].北京：冶金工业出版社，2017.

［7］孔建益，熊禾根，邹光明.机械制造实验教程 [M].武汉：华中科技大学出版社，2008.

［8］李郝林.机械工程测试技术基础 [M].上海：上海科学技术出版社，2017.

［9］李君，徐飞鸿.工程力学实验 [M].成都：西南交通大学出版社，2018.

［10］李助军.机械创新设计及其专利申请 [M].广州：华南理工大学出版社，2020.

［11］刘少海，刘军明.机械基础实验教程 [M].徐州：中国矿业大学出版社，2008.

［12］刘莹.机械基础实验教程 [M].北京：北京理工大学出版社，2007.

［13］罗海玉.机械基础实验指导书 [M].成都：西南交通大学出版社，2014.

［14］秦小屿.机械基础实验教程 [M].成都：西南交通大学出版社，2011.

［15］沈艳芝.机械设计基础实验教程 [M].武汉：华中科技大学出版社，2011.

［16］宋鹍，杨涛，王伟.机械工程基础实验教程 [M].重庆：重庆大学出版社，2019.

［17］孙亮波，黄美发.机械创新设计与实践 [M].西安：西安电子科技大学出版社，2020.

［18］拓耀飞.机械基础实验教程 [M].成都：西南交通大学出版社，2016.

［19］田春林.机械工程基础实验 [M].北京：北京理工大学出版社，2012.

［20］王立存，杜力.现代机械工程基础创新实验教程 [M].重庆：重庆大学出版社，2011.

［21］王树才，吴晓.机械创新设计 [M].武汉：华中科技大学出版社，2013.

［22］奚鹰．机械基础实验教程 [M]．武汉：武汉理工大学出版社，2005．

［23］熊晓航，田万禄，马超，等．机械基础实验教程 [M]．沈阳：东北大学出版社，2019．

［24］徐名聪．机械基础实验教程 [M]．北京：中国计量出版社，2010．

［25］杨昂岳，毛笠泓．实用机械原理与机械设计实验技术 [M]．长沙：国防科技大学出版社，2009．

［26］杨洋．机械设计基础实验教程 [M].2 版．北京：北京航空航天大学出版社，2016．

［27］姚伟江，李秋平，陈东青．机械基础综合实验教程 [M]．北京：中国轻工业出版社，2014．

［28］尹怀仙，王正超．机械原理实验指导 [M]．成都：西南交通大学出版社，2018．

［29］尹明富．机械制造技术基础实验 [M]．武汉：华中科技大学出版社，2008．

［30］张继平．机械基础实验教程 [M]．北京：国防工业出版社，2014．

［31］赵又红，谭援强．机械基础实验教程 [M]．湘潭：湘潭大学出版社，2010．

［32］周传德．机械工程测试技术 [M]．重庆：重庆大学出版社，2014．

［33］周晓玲．机械设计基础实验教程 [M]．西安：西安电子科技大学出版社，2016．